V. 425.
B.

LA FORTIFICATION
DEMONTRE'E ET REDVICTE
EN ART,

PAR FEV,
I. ERRARD DE BAR-LE·D VC:
INGENIEVR DV ROY DE FRANCE
ET DE NAVARRE.

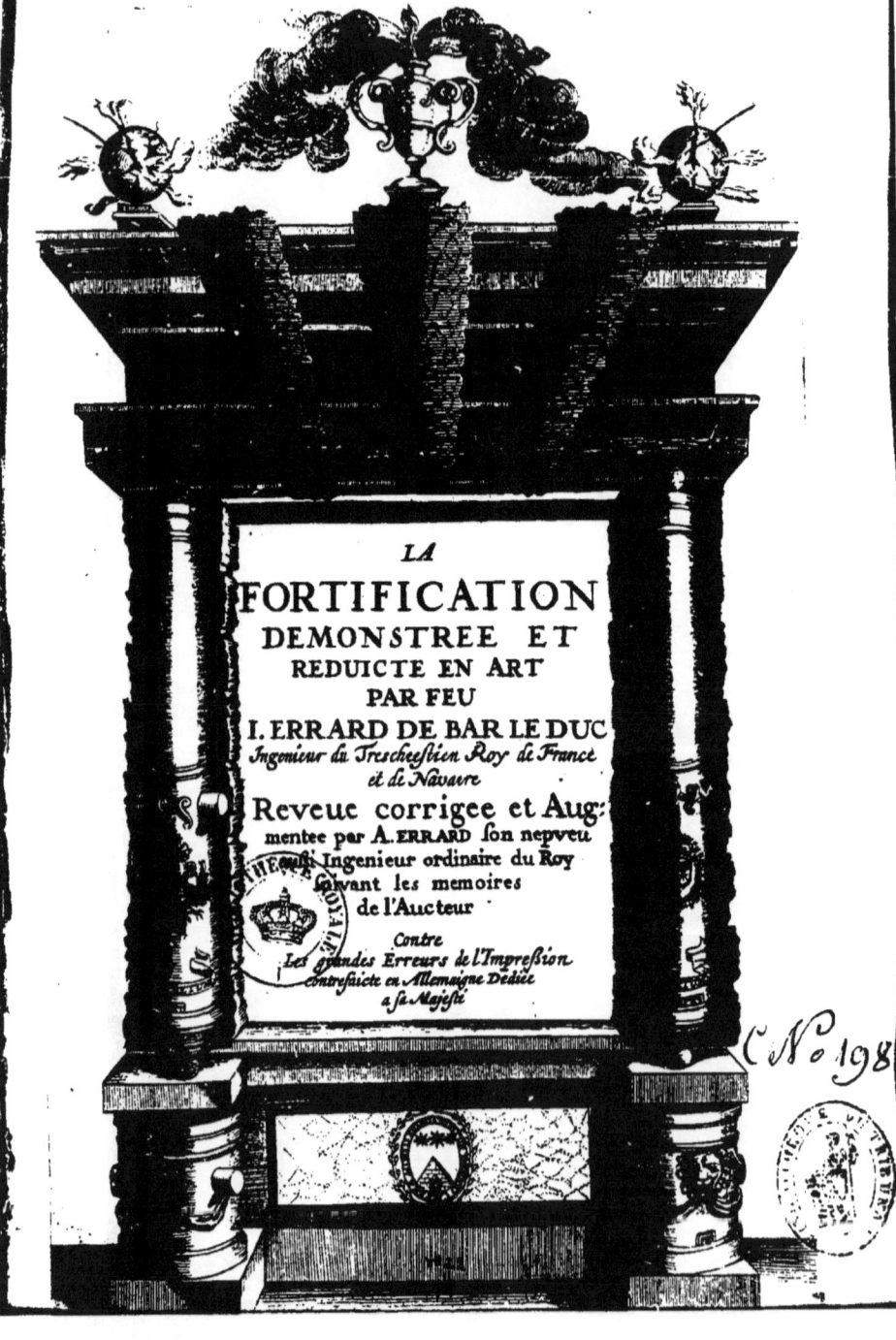

AV ROY.

SIRE,

Chacun sçait comme le feu Sieur Errard, mon Oncle, a esté le premier d'entre tous vos subjects, qui a reduict en Art la perfection des Fortifications. Son Liure qu'il mit en lumiere, auec ses Figures & embellissemens, par le commandement du feu Roy, vostre Pere, HENRY LE GRAND, *d'immortelle memoire, en rend assez de tesmoignages. Mais comme la perfection ne gist pas au commencement, ledit Sieur Errard se mit à reueoir & examiner curieusement & exactement ledit Liure, afin de le rendre de plus facile intelligence; Il luy eust donné la derniere main, si la mort ne l'eust preuenu : Le desir qu'il auoit de seruir à V. M. & au public, le conuia (quelques heures au parauant son trespas) à me commander d'effectuer son intention : A quoy i'ay tasché de satisfaire, au mieux qu'il m'a esté possible ; ayant mis tout mon soing, & toute ma diligence, pour donner les viues couleurs necessaires à cét ouurage, lequel se presente maintenant à V. M. suiuant le premier desseing de son principal Autheur. Receuez-lé, donc,* SIRE, *auec la mesme Clemence & Douceur que vous auez accoustumé d'accepter les choses qui ne regardent que le bien de vostre seruice, l'vtilité de la Noblesse Françoise, & de vos autres subjects ; & ie continueray à prier* DIEV *pour la prosperité & santé de V. M. de laquelle ie demeuray eternellement,*

Trés-humble, tres obeissant, & tres-fidel
subject & seruiteur, A. ERRARD.

ADVERTISSEMENT AV LECTEVR,

sur le subject de la reimpression de ce Liure, & touchant ce qui a esté de nouueau adjousté en iceluy.

AMY Lecteur, I'ay bien volu vous advertir, que le feu sieur ERRARD mon Oncle a esté le premier, & le seul Autheur de ce Liure, & que comme il vouloit mettre la derniere main, pour donner vne entiere perfection à cét œuure, il auroit esté preuenu de la mort : Quelques heures au parauant il me laissa heritier de ses memoires, & de l'affection qu'il portoit à son Roy, & à sa patrie, & m'ordonna de paracheuer son dessein : Ce qu'estant venu à la cognissance de plusieurs personnages de qualité & de Science exquise, ils m'auroient conuié instammēt d'y satisfaire: Ce que leur ayant en fin accordé, poussé seulement du desir de profiter au public, ie me suis efforcé, au mieux qu'il m'a esté possible, de faire reimprimer ce Liure, & de contribuer par mon Estude, par mon Trauail & par la Practique que i'ay acquise en la Fortification de le rendre accomply. Ie l'ay enrichy de plusieurs Figures, & y ay augmenté quelques discours necessaires pour paruenir à vne facile intelligence de ce qui y est proposé. I'y ay encor' adjousté vne Table Methodique, qui fait veoir entierement & succinctemēt le projett du contenu en cét œuure. Et apres auoir recogneu qu'es precedentes Editions il se recontroit quantité de difficultez, prouenantes de la Demonstration, confuse auec la Construction : I'ay aduisé pour le soulagement des Esprits moins versez en l'Art de Fortificatiō, & pour decembrasser celuy de l'Apprenty, de mettre à part la Construction, & d'en faire chacune Figure separée. Et quant au mot d'Art, dont i'vse souuent en ce Liure, Vous serez aduerty que ie l'ay estimé plus conuenable au subject de mō discours, que le mot de SCIENCE, par-ce que je rapporte le tout à la Practique, qui est le but & la fin de cesle institution, ne me contentant de la simple cognoissance par ses causes qui & le propre de la Science, combien que je n'y propose rien qui ne soit, ou qui ne puisse estre demonstré par les principes des Sciences de Mathematiques. Que si en quelque lieu je prononce le mot de Sience, i'entends pourtant vne Science Practique, qui equipole au mot d'Art, & s'oppose à la Science Speculatiue, qui n'a autre fin que la cognoissance : Bien vous soit. A DIEV.

AV ROY.

SIRE,

Plusieurs grands Monarques, de tous tēps, apres auoir faict quelque notable exploict de guerre, ont desiré d'en voir ou la description en vne Histoire, ou le pourtrait en vn tableau; ne prenans moins de plaisir en l'vne ou l'autre representation faite par de bons maistres, qu'ils auoient pris de peine, & subide perils és executions faites par eux-mesmes. Les Turcs sont estimez autant contaires à ces deux choses, principalement à la peinture, comme ils sont ennemis du nom Crestien: & toute fois nous lisons de ce grand & redoutable Mahomet second, qui conquit deux Empires, quatre Royaumes, & plusieurs villes & Isles qu'il estoit tres soigneux à garātir ses faits de l'obliance, tant par l'eloquence de doctes escriuains, que par l'industrie d'excellētes Peintres: esleuant en hōneur vn pauure esclaue qui auoit bien discrit en langue Turquesques & Italienne la victoire obtenuë par luy contre Vsum Cassan Roy de Perse, & faisant de grands presens à vn Peintre, qu'il auoit faict venir de Venise, pour employer son Art au mesme sujet. Les admirables victoires, & plus que Heroiques exploicts de vostre Maiesté SIRE, ont tellement remply la terre, tellement rauy les yeux & les oreilles de tout le mōde, qu'il n'y a langue si diserte, ny main si industrieuse, qui osast entreprendre de les representer dignement en l'vne ou en l'autre maniere. Ce que le plus grand Orateur du monde en droit, pourroit bien surpasser la croyāce, mais il ne sçauroit égaler la verité: Ce que la plus docte plume, ou le plus habile pinceau traceroit, tesmoigneroit plustost la foiblesse de l'ouurier, qu'il n'exprimeroit l'excellence du sujet. Mais combien que ceste felicité, que Dieu par le moyen de vostre inuincible magnanimité nous à donnée, se face plustost sentir aux cœurs, & aux corps qu'elle ne se laisse veoir en vn liure, ou en vn tableau, combien aussi que vostre Majesté ne demande autre fruict de ses labeurs & perils, que ce repos, ceste seureté & tranquillité qui en est prouenuë à ses sujets : Ce seroit neantmoins

moins vne ingratude trop indigne, si ceux que dieu a doüez de quelque industrie, ne l'employent toute à representer, au moins quelques ombres des choses dont le corps & la verité excede les bornes de l'Art,& de toute puissance humaine, appliquant au reste le ban d'eau de Timanthes, à ce qui ne pourroit estre depeint par le pinceau d'vn Appelles, ny descrit par la plume d'vn Xenophon, qui a esté luy-mesme & le sujet & l'escriuain de son histoire.

Or estimant plus à propos d'exciter les autres par mon exemple, que de les exhorter par mes paroles à leur deuoir, i'ay essayé à rediger par escrit, & à esclaircir par figures vne matiere en laquelle il a pleu à Dieu, par le passé, exercer (comme en vne lice ordinaire) vostre inimitable vertu & generosité, & ce dés sa premiere ieunesse, en laquelle aussi elle a jetté des rayons si luisans de sa diuine vigueur, que tout le monde en demeure éblouy. Ceste matiere est, de la maniere d'assieger, fortifier, assaillir, & defendre les places: matiere dont il ne se peut trouuer sur la terre habitable, ny Iuge plus competent, ny Praticien plus expert, ny Prince plus digne; & comme i'espere, plus prompt à receuoir en sa protection les escrits qui en traittent, que vous, SIRE, qui seul pouuez plus dextrement mettre en execution les reigles de cét Art, que les plus excellents escriuains ne les peuuent mettre sur le papier: qui auez plus respandu de vostre sueur, & de sang à les verifier par la pratique, que les autres ne sçauroient employer d'ancre à les demonstrer en la Theorique. C'est pourquoy i'ose consacrer à vostre Majesté ce mien labeur, pour y faire voir (bien qu'obscurement) vne partie des vostres, dont la grandeur ne sera moins incroyable à la posterité, que le fruict en est salutaire au siecle present, qui ne les peut recognoistre que par vœux & prieres ordinaires á Dieu, pour vostre prosperité, en laquelle vn chacun estime la sienne estre enclose: C'est ce Toutpuissant que ie prie,

SIRE,

De donner à vostre Majesté longue & parfaite iouyssance du fruict de ses trauaux, comblant son Regne de toutes ses graces & benedictions.

Vostre tres-humble, tres-obeissant, & tres-fidele seruiteur, L. ERRARD.

PREFACE
A LA NOBLESSE FRANÇOISE.

SI les Oeconomes ſerrent & conſeruẽt Eſté ce qui leur ſera neceſſaire en Hyuer: Si les bons Pilotes preparẽt en Hyuer les vaiſſeaux pour s'en ſeruir l'Eſté: Les ſages Princes qui n'ont moins de ſoing de leur Eſtat, qu'vn Pere de famille de ſa maiſon, qu'vn Pilote de ſon nauire: en quelque ſaiſon qu'ils ſe trouuẽt, ſoit en l'Eſté d'vne floriſſante Paix, ou en l'Hyuer d'vne faſcheuſe guerre, obſeruent & conſeruent encor plus curieuſement en l'vne, ce qui pourra ſeruir en l'autre. Et ayant beſoin d'vn grand nombre de toutes ſortes d'inſtruments, pour la conduite d'vn ſi grand vaiſſeau, à ſçauoir d'vn Royaume: ils ont auſſi beſoin d'vne tres-grande, voire d'vne diuine prudence, à les bien choiſir & diſcerner, pour employer vn chacun à ce qui luy eſt propre. Or comme Dieu deſnie, ou oſte ce don aux Princes, quand il veut punir leurs ſujets, & ruiner leurs Eſtats: auſſi le leur donne & conſerue-il, quand il veut benir & maintenir les vns & les autres.

Il n'y a ſi aueugle qui ne voye, ny ſi malin qui ne confeſſe, que le Roy des Roys n'ait departy au noſtre ceſte excellente grace, en toute perfection, puis que durant le Calme de la Paix (dont par ſon moyen Dieu nous fait iouyr) il ne faict paroiſtre moins de dexterité à ordonner vn chacun à l'exercice auquel il le cognoiſt propre, qu'il faiſoit n'agueres aux tempeſtes de la guerre, en rangeant & diſpoſant les batailles. Et d'autant qu'il ne meſpriſe aucun de ſes moindres inſtruments, principalement de ceux qu'il a employez, & eſprouuez: il luy a pleu m'ordonner par ſon commandement, & conuier par ſa liberalité, à reduire en Art, & à mettre au iour tout ce qui ſe pratique au faict des Fortifications, afin de ſoulager par ceſte inſtruction la peine que vous prenez (Meſſieurs) à vous rendre autant capables de ſeruir dignement ſa Majeſté, & voſtre Patrie, comme vous eſtes ſpecialement appellez & obligez à defendre conſtamment l'vn & l'autre: Ioint que ce loiſir de la Paix preſente, ne peut eſtre plus loüablement employé par ceux qui ſont les nerfs de la guerre, qu'à acquerir vne certaine & ſolide cognoiſſance de ce qu'il faudra mettre en pratique au premier changemẽt: la Pratique eſtant auſſi aueugle ſans la Theorique, que la Theorique eſt manchotte ſans la pratique.

Ce com-

Ce commandement du Roy, accompagné de sa Royale liberalité, m'a tellement enhardy, que i'ay ozé entreprendre ce que tous les Ingenieurs, iusques à present, n'ont voulu, ou ozé: au moins n'en paroist-il rien par aucun escrit traitant de ceste sciëce: Car les discours des choses mechaniques ne meritët point ce titre; n'estant icy question des traits, qui à quelqu'un pourroient reüssir à l'aduanture: mais de demonstrations Geometriques, qui donnent à tous asseurance infaillible: Quiconque se fie en ceux-là, ne hazarde moins le salut d'un pays, qu'un autre la vie d'un homme, qu'il commet à un ignorant Empirique, lequel (comme dit Platon) deuroit auoir passé par toutes les maladies & accidents, dont il veut iuger: autrement il ressemble à celuy qui peindroit bien la mer, des escueils, & des nauires; mais s'il faut venir à l'effect, il ne sçait comment s'y prendre. Si anciennement aux jeux Olimpiques on faisoit faire serment aux Athletes en les enrollant, qui s'estoient preparez & exercez par l'espace de dix mois continuels, deuant que se presenter: il y auroit beaucoup plus de raison, de tirer preuue & asseurance certaine de la suffisance de ceux qui font profession, non de recreer un peuple par jeux & passe-temps, mais de le garantir de ruine par leur art & industrie. Or ie ne doute point que plusieurs Ingenieurs, qui ont les dents plus aigus à rõger les ouurages d'autruy que l'esprit d'en produire d'vtiles, de leur inuention, n'ayans rien chez eux qui merite la lumiere, ne taschent à noircir par la fumée de leur detraction ce mien labeur: soit à mespriser l'inuention, ou à reprendre la disposition & la maniere dont ie traitte ceste matiere: Mais qu'ils se souuiennent du gentil trait dont Christofle Colomb se mocque de ses mocqueurs, si habiles à rauallér l'honneur deu à sa vertu, & si lourdauts à faire tenir debout un œuf: I'estime qu'il me sera permis, aussi bien qu'au Poëte Æchile, condamné par la sentence de quelques enuieux Rimasseurs, d'appeller du iugemët des ignorans, au Temps, & à la Posterité. I'espere aussi qui vous (Messieurs) comme vous estes Iuges plus competents, que ceux-là de telles choses, dont vous auez acquis l'experience aux despens de vostre sang, & au peril de vostre vie: aussi prononcerez-vous une plus équitable sentëce sur ce labeur, que i'ay entrepris, tant pour obeyr à nostre Roy, que pour faciliter vostre Estude en tels exercices, & pour laisser quelque instruction à ceux qui un iour succederont, & à vos charges, & à vostre genereuse fidelité & constance, à defendre contre tout

effort

effort les places que sa Majesté vous a commises : Ie n'ose promettre que ceux qui apres la lecture de cet escrit en voudront faire quelque essay, remarquerant vn tres-bon accord entre les Reigles de la Science, & les Exemples de la Pratique, tout au rebours de la plus-part des liures traitans ce sujet, qui par le tiltre & inscription promettent merueilles, mais à l'effect se trouuent du tout inutiles, & pour ceste raison pourroient bien estre accomparez à ces Nauires, ausquels l'on donne des noms specieux & magnifiques : à l'vn la victoire, à l'autre l'inuincible, &c. Mais quand ils sont en la Mer, ils ne se monstrent moins fragiles & aisez à submerger que les autres.

LE PRE-

A Monsieur
Le Marquis de Griboval lieutenant général des armées du Roy.

Je te Connois pour un heros :
Glatz, Scheidnitz attestent ta gloire
comme parent, de tes travaux
aisément je perds La memoire.
Des miens, qui ne sont pas si Beaux
Si jamais on faisait L'Histoire,
on y verrait sermons, rondeaux,
vers saints, Loin de toute humeur noire.
inutile requisitoire
présenté d'un œil de nigaut :
Car être simple est mon défaut,
à mes patrons, dont le grimoire
porte bien ou mal a propos
d'avoir L'humeur ambulatoire,
tantôt promettant monts et vaux,
tantôt cassant gueule et machoire,
et montans sur leurs grands chevaux.
De sorte que, de mon champenois
ce n'est pas un petit deboire,
malgré ton nom et ton grand Los,
qui devraient finir les propos
et décider le consistoire
je ne vois point d'echapatoire.
J'ai L'air de garder un tombeau
mais en attendant le cadeau
d'une pension provisoire
dont je me flatte sans y croire
sur deux grands Biens j'ai fait hakò;
j'ai gayeté, Sagesse à gogo.
pour mieux entendre Saint grégoire
Saint Bernard, maint in folio
quand je Bois du Vin de Scio,
entre les Bras de la Victoire
Griboval en paix fait dodo.

LE PREMIER LIVRE
DE LA FORTIFICATION
DEMONTREE ET
REDVICTE EN ART,

PAR FEV I. ERRARD, DE BAR-LE-DVC,
INGENIEVR ORDINAIRE DV ROY.

Reueu, Corrigé & Augmenté par A. Errard, son Nepueu, aussi Ingenieur ordinaire du Roy, suiuant les memoires de l'Autheur.

DAutant que les disinitions de ceste Science sont si communes & vulgaires, qu'il n'y à personne curieuse de la Fortification, qui ne sçache que c'est de Fossé, Rampart, Escarpe, Contrescarpe, Muraille, Talu, Courridor, Parapet, Chemin couuert, &c. I'ay estimé n'estre pas necessaire commencer par icelles, ny les rediger par escrit, non-plus que les definitions des Lignes, Angles, Cercles, & autres qui sont au commencement du premier Liure des Elements d'Euclide : Considerant aussi que les choses qui naistront de ce discours, auront leur nom, chacune en son lieu.

A   LES

Premier Liure

LES AXIOMES QVI SONT
SENTENCES COMMVNES
N'AYANS BESOIN D'AVCVNE
DEMONSTRATION.

LA PREMIERE.

ES Forteresses sont faictes, afin qu'vne petite force resiste à vne grande, ou petit nombre d'hommes à vn grand nombre.

La seconde, L'Art de fortifier les places, & les deffendre, procède de la Science d'attaquer & assaillir.

La troisième, L'Art d'attaquer a esté diuers, selon le temps de l'inuention des machines propres à ruiner.

La quatriéme, La plus furieuse sorte d'attaquer, est la moderne, qui se faict par le moyen de la Poudre, & de l'Artillerie.

La cinquiéme, La violence, ou force d'vne mesme Poudre, n'est point diuerse, si ce n'est à cause de la diuersité de l'Artillerie.

La sixiéme, Les pieces d'Artillerie plus communes & vulgaires à ruiner & démolir, sont les pieces portans Calibres de trente à quarante-cinq liures.

Comme en France, de trentre-trois vn tiers : En Flandre, de quarante-cinq : En Allemaigne, de semblable poids, ou enuiron. Ie ne parle point de double Canons, ny Basilics, qui pour la grande charge de leur pesanteur, sont fort peu vsitez.

Et pour-ce qu'il est necessaire en construisant vne Forteresse, de conseruer les lieux & espaces necessaires tant pour conduire, que pour placer l'Artillerie, on sera aduerty,

Premierement, Que la mesure commune de France, est la Thoise, qui contient six Pieds François (autrement dit de Roy) en longueur, & chacun Pied, douze Poulces, & chacun Poulce, douze parties (qu'on appelle entre les Mechaniques, Lignes;) ainsi qu'il est marqué en la Marge de ceste Page.

Secondement, Le Pas commun est de trois Pieds & demy, François; & le Pas Geometrique, de cinq.

Commun, à cause que toutes personnes (ou la pluspart) en marchant sans contrainte, ou dessein, font cét espace en vn pas : Geometrique, à cause que celuy qui mesure, entreprend d'auantage que l'ordinaire, pour expedier mais-ere : & par ce moyen, montre auoir quelque dessein : Cecy soit dit en passant : mais cy-apres il ne sera parlé que de pas communs.

Tiercement, Que le Canon de France a de longueur enuiron dix Pieds, & son Fust quatorze : Et estant monté sur son Fust, enuiron dix-neuf Pieds : Sa Balle, pesant trente-

Celle est la mesure du Pied François.

À mon ami Robert
Sur une marmite qui nous avait Brouillés

Je voudrais contre les marmites
que le Roy portât un édit,
et, si j'avais quelque crédit
elles seraient toutes proscrites,
moyennes, grandes et petites.
Qui brouilles entre eux deux amis,
deux amis dès l'enfance unis,
et qui s'aimaient chez les jésuites!
est-il plus énorme délit,
plus noir, plus digne du cocyte:
c'est ce qu'une marmite fit.
Mais toutes étaient à sa suite,
et complotaient à petit bruit.
Un jour, hélas à ce récit
mon âme frissonne et s'agite!
une Marmite en mon logis
vint de la part de mon amis.
Vulcain était son satellite:
mes gens, espèce de Bandits
qui se connait mal en mérite,
au lieu de compliments jolis
qu'ils devaient à la favorite:
au lieu de se montrer polis
la traitèrent avec mépris.
La Belle fuit et vous visite,
et chez vous elle jette un cri
dont votre cœur fut attendri.
Vengez moi, dit elle bien vite
des valets, et du maître aussi.
Toujours quand on a de l'appui
on obtient ce qu'on sollicite.
Vous parûtes dans une guérite
d'un air dont je fus tout transi:
Bref, le complot a réussi,
et l'amitié fut déconfite.
Par une Hélène, c'est ainsi
que Troye en cendre fut réduite,
mais Troye est encore en débit
et notre amitié ressuscite.

À Mr Le Comte Du maitz
Capitaine de Vaisseaux. Sur ma solitude

Plus solitaire en ce Bas lieu
que cet hermite incomparable
qui, dans une grotte effroyable
cent ans vécut seul avec Dieu:
Plus retiré que paul L'hermite
que son confrere le Stylite,
moine, sans en avoir fait vœu,
n'ayant pour bien que ma famille
consistante en chiens, en poulets
que le tendre Dons de Cérès
qu'une chaumière peu gentille,
que l'église où je m'agenouille,
je vous adresse tout exprès
cette epitre où l'amitié brille;
je dis l'amitié: car ce nom
est inconnu dans ce canton.
Dans tout le cours de la Semaine,
de nos Messieurs, gens sous faepn,
étourdis deux de la douzaine
toujours absens pour oui, pour non
cher Comte, je reçois à peine
un mot de consolation
Après avoir dit son antienne,
et pontifié sa Leçon,
Chacun retourne a sa maison,
Comme je rentre dans la mienne:
L'un y boit du vin de Macon,
et l'autre du vin de Suresne:
moi je vais droit à mes oignons,
je visite mes cornichons,
et puis j'entends fanchon qui crie.
Si vous ne la connaissez pas
cette bonne fanchon, monsieur
sçachez qu'elle est, malgré l'envie
gouvernante de tous mes plats.
Elle est fort sçavante en Cuisine,
mais n'a jamais lu Vaugelas,
ni Richelet, ni son Racine,
duquel elle fait peu de cas
comme de la Signe, Sabine.
Cette fille, - dites elle?
ignore jusqu'à l'origine,
ne me connaît point ma cousine,
ni le grand épanouissement,
bonne picarde, mais toquée,
qui pense que je l'ablandire
quand je lui parle des combats
de Leuctres et de Salamine.
Elle est telle, et vous sentez bien
que son jargon n'est pas le mien.
Sans consœur sans gouvernante
j'aurais dit elle d'entretien,

Si ce n'était mon petit chien
qui pour l'esprit en vaut bien trente.
C'est un chien de je ne sçais où,
mais chien de la plus belle espèce,
qui me vaut tout seul un pérou,
qui me flatte, qui me caresse
comme un amant fait sa maîtresse,
qui, quoique par plus haut qu'un chou
sait les plus jolis tours d'adresse.
Il faut le voir en certains jours
faire aux messieurs la révérence,
dauber, sautiller en cadence,
au son des fifres et des tambours.

Il pourrait, dans toutes les cours
se produire avec assurance,
de science ayant fait son cours
chez les plus grands maîtres de France.
Avec ce chien nommé Pluton,
mon assesseur, mon satellite
je fais, souvent, vu son mérite
de belle conversation.

Je lui dis : si quelque fripon
me rendait par hasard visite,
que ferais-tu ? Pluton bien vite
fait rage, et dit en sa façon
que par une attaque subite
il ferait fuir le compagnon.

Je lui dis : si monsieur le Comte,
mon ami, mon très cher cousin,
venait me donner un à-compte
sur son billet du mois de juin,
que ferais-tu ? Pluton en joye
me saute au cou, me lèche, aboye.
De ma machine, c'est ainsi
que le cœur rendra se déploye.

Si Descartes n'a point menti,
si la bête est une machine,
au moins cette machine-ci
recèle une vertu divine.
Je ne crains sous sa couleuvrine
ni le voleur, ni le jouer
elle m'éclaire en m'illuminant
mieux que les sages d'aujourd'hui
avec leur brillante doctrine
et leur pompeux charivari.
Elle est toujours simple et fidèle :
elle ne se rend qu'elle pas
de sa bonté, de son appas.
Elle confond plus d'une belle
dont la vanité fuit l'appas,
et dont l'orgueil fuit la ruelle.

Si l'homme instruit du bon chemin
ne refusait pas de le suivre,
sur mon chien je ferais un livre,
qui de morale serait plein ;
mais l'étalage en serait vain,
et l'homme ne veut pas bien vivre.
Adieu, philosophes à jour ;
adieu, philosophes antiques.
Pluton absorbe mon amour ;
nous m'instruisons en politique,
et Pluton ne m'instruit sans détour.

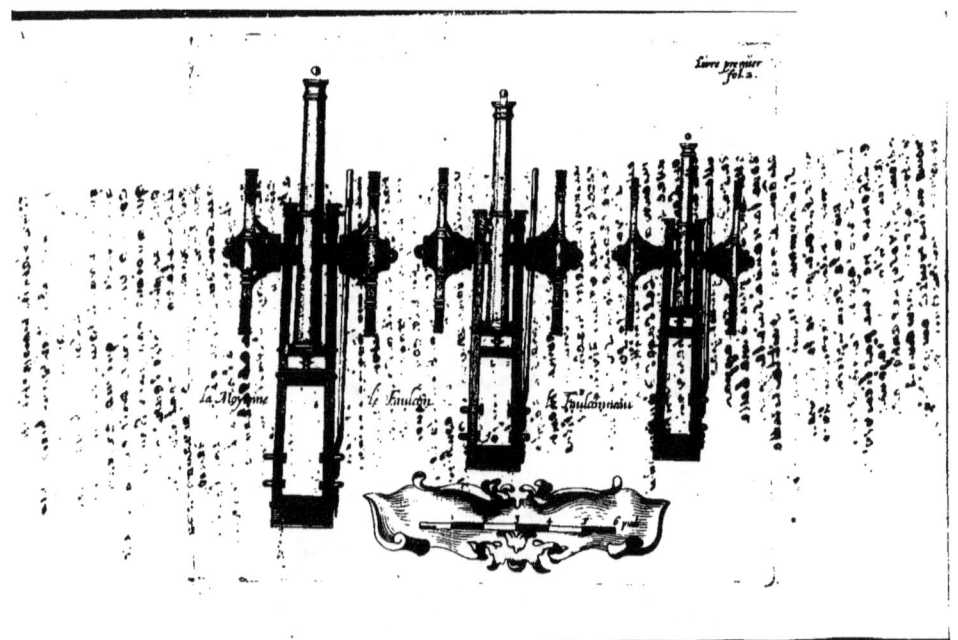

de Fortification

trentre-trois liures vn tiers, a demy Pied, c'est à dire, six Poulces de Diametre. Ce mot de
Quartement, Que la largeur du mesme Fust (laquelle se considere en l'Essieu) est de sept Balle ser-
pieds. vira pour
le Canon,
Cecy se verra par ceste Figure, & la suiuante, esquelles i'ay remarqué toutes les pro- & Boulet
portions, tant du Canon François, que de son Affust : auec tantes les pieces & ferrures pour les au-
necessaires à iceluy : comme aussi au Rouage : desquelles i'ay escrit les noms à l'endroict de tres pieces
chacune, & faict renuoy par Lettres, pour le soulagement des Lecteurs. I'y ay aussi tra- au dessoubs.
cé la longueur & grosseur de la Couleurine, Bastarde, Moyenne, Faucon, & Fauconneau,
montées sur leurs Affusts, qui sont les six Calibres qu'on a accoustumé de faire en France:
desquelles six sortes d'Artillerie, le nombre & poids tant de leurs Métaux, Bois d'Affust, que Rouage : auec toutes les Pieces & Ferrures propres & conuenables à iceux, seront, cy-apres amplement specifiées. Et tous cecy n'est point pour arrester aucun à cette proportion : car il est certain que les bons Esprits augmentent ou diminuent les Inuentions,
pour les rendre plus vtiles & faciles : Ioinct aussi que les trois dernieres Pieces, comme
Moyenne, Faucon & Fauconneau, se font pour la plus-part à la discretion des bons Fon-
deurs, & autres personnes bien experimentées. Le Lecteur remarquera aussi en passant, que
les mots sont fort corrumpus, & ne sont point significatifs, comme estoient les anciens
noms : mais il suffira de se faire entendre.

A ij   SEN

Premier Liure

S'ENSVIT LA PESANTEVR DV CANON, COVLEVRINE, BASTARDE, MOYENNE, FAVCON, ET FAVCONNEAV; AVEC LE DENOMBREment & poids de toutes les pieces necessaires pour la Ferrure des Affusts & Roüages d'iceux.

PREMIEREMENT.

LE METAIL du Canon pese enuiron quatre mil huict cens liures.
Le Boys d'Affust, Coings & Leuiers, douze cens liures.
Le Boys de Roüage, six cens cinquante liures.
Les Emboitures de Fonte, qui se mettent au dedans des Moyeux, deux cens liures.
Pour la Ferrure des deux Costez du Boys d'Affust, qu'on nomme Flasques, sur le deuant, & au dessoubs d'iceux, faut deux Soubs-Bandes.
Deux Sus-Bandes, qui se mettent par-dessus le Tourillon.
Huict Cheuilles à teste quarrée, garnies de leurs Gouppilles, pour tenir lesdites Bandes.
Deux Hurtois, qui se mettent au derriere du Tourillon.
Deux Esquaires, garnies de quatre Boulons, pour mettre derriere les Hurtois.
Deux Crochets de Retraitte.
Trois Boulons, pour riuer l'Affust; deux à teste plate, & l'autre à teste ronde.
Deux Bandes de bout d'Affust, auec deux douzaine de Cloux à teste ronde, pour attacher lesdites Bandes.
Vne Gouttiere, pour mettre à la Culasse, & bout d'Affust, auec huict cloux pour tenir ladite Gouttiere.
Deux Esquaires à mettre sur ladite Gouttiere, auec douze Cloux à teste ronde, pour attacher lesdites Esquaires.
Deux Clauettes de Limon, auec deux Cheuilles pour tirer lesdites Clauettes.
Plus deux Cheuilles à Clauettes, garnies de leurs Chaisnes, qu'on appelle Repos, auec deux Crampons à deux pointes, pour tenir lesdites Cheuilles.
Deux Boulons, pour tenir les Limons, auec leurs Rondelles.
Deux Museaux de Limons, auec deux Liens, pour tenir lesdits Museaux.
Deux Bandes de Limons.
Deux Ragots pour lesdits Limons.
Plus deux grosses Atteloires.

Toutes lesquelles pieces de Ferrures cy-dessus mentionnées, necessaires au Boys d'Affust dudit Canon, peseront ensemble la quantité de quatre cens dix-sept liures, ou enuiron.

Pour la Ferrure de Boys de Roüage, faut à chacun Moyeu quatre Frettes, qui sont pour les
deux,

deux, huict Frettes ; sçauoir quatre grandes, & quatre petites.
Six Clefs pour faire tenir les Frettes joignant les Raiz des Roües.
Vingt-quatre Cloux à Caboche, pour clouer lesdites Frettes.
Six grandes Bandes à chacune Roüe, qui se mettent sur le pas des jentes, qui sont pour les deux Roües ensemble douze grandes Bandes.
Pour clouer lesdites Bandes, faut douze douzaines de gros Cloux à Cotterets, & à grosse teste ronde.
Au dessoubs desdites Bandes se mettent à chacune Roüe douze Liens, Soubs-Bandes, qui sont pour les deux Roües ensemble, vingt-quatre Liens garnis de leurs Cheuilles à Clauettes.
Faut autant de Liens Sus-Bandes, garnis aussi de leurs Cheuilles.
Quatorze Crampons d'Emboitures.
Pour ferrer l'Essieu, faut quatre Happes.
Deux Museaux d'Essieu.
Trente-six Cloux à Happes pour ledit Essieu.
Plus deux grosses Heusses, ou Oz, pour tenir les Roües dedans l'Essieu.

Toutes lesquelles Pieces de Ferrures cy-dessus décrites, seruantes au Boys de Rouage, pesent ensemble la quantité de six cens liures, ou enuiron.

Partant le Canon monté sur son Affust Ferré, & prest à marcher en Campagne, pesera la quantité de sept mil huict cens soixante-sept liures, ou enuiron.

Plus les Comblans, ou Combleaux (qui se deuroient nommer Cableaux) & autres Cordages, propres & vtiles audit Canon, auec les Chargeoirs ; peseront ensemble enuiron cent cinquante liures.

DE LA COVLEVRINE.

 OVR le regard de la Couleurine, Bastarde, Moyenne, Faucon, & Fauconneau, il faut le mesme nombre, & quantité de pieces de Ferrures, qu'au Canon: mais differentes de poids : comme aussi de Metail, Boys d'Affust, & Rouage.

Pour le Metail, trois mil sept cens liures.
Le Bois d'Affust, Coings, & Leuiers, sept cens huictante liures.
La Ferrure dudit Bois d'Affust, trois cens cinquante liures.
Le Boys de Roüage, quatre cens soixante liures.
La Ferrure dudit Roüage, cinq cens liures.
Les Emboitures, cent vingt liures.

Nombre total pour ladite Couleurine, monté sur son Affust ferré, cinq mil neuf cens dix liures.

Plus les Comblans, & autres Cordages necessaires à ladite Couleurine, auec les Chargeoirs, peseront ensemble enuiron cent liures.
Son Boulet a quatre Poulces dix Lignes de Dyamétre, & pese seize liures & demye.

Premier Liure

DE LA BASTARDE.

OVR le Metail de la Bastarde, deux mil cinq cens liures.
Le Boys d'Affust, Coings, & Leuiers, cinq cens nonante-cinq liures.
La Ferrure dudit Affust, trois cens cinquante liures.
Le Boys de Roüage, quatre cens cinq liures.
La Ferrure d'iceluy, trois cens soixante & dix liures.
Les Emboitures, cent dix liures.

Nombre total pour la pesanteur de la Bastarde, montée sur son Fust, quatre mil trois cens trente liures.

Plus les Combleaux, & autres Cordages necessaires à ladite Bastarde, auec les Bhargeoirs, peseront ensemble la quantité de quatre-vingts liures.
Son Boulet ayant trois Poulces, huict lignes, pesera sept liures & demye.

DE LA MOYENNE.

OVR le Metail de la Moyenne, quinze cens liures.
Le Boys d'Affust, &c. quatre cens soixante liures.
La Ferrure dudit Affust, quatre-vingts dix liures,
Le Boys de Roüage, deux cens quatre-vingts liures.
La Ferrure d'iceluy, auec ses Emboitures de fer, deux cens soixante liures.

Nombre total de la pesanteur de la Moyenne, montée sur son Affust, deux mil cinq quatre vingts dix liures.
D'autant qu'en ceste piece d'Artillerie, & és deux suiuantes, il n'est besoin que de Cordages communs, je ne me suis arresté à descrire leurs poids, ains seulement de leurs Boulets: dont celuy de ladite Moyenne ayant pour Diamétre trois Poulces trois Lignes, pesera deux liures trois quarts de liures.

D V

de Fortification.

DV FAVCON.

POVR le Metail du Faucon, il peut peser enuiron huict cens liures.
Le Boys d'Affust, & Ferrure d'iceluy, soixante & dix liures.
Le Roüage Ferré, quatre-vingts dix liures.

Nombre total de la pesanteur dudit Faucon, montée sur son Affust, neuf cens soixante liures.

Son Boulet a pour Dyamétre trois Poulces moins deux Lignes, & pese vn liure & demye.

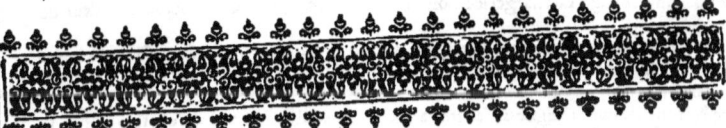

DV FAVCONNEAV.

OVR le Metail du Fauconneau, il peut peser enuiron sept cens quarante liures.
L'affust d'iceluy, ferré, soixante liures.
Le Roüage, ferré, quatre-vingts liures.

Nombre total de la pesanteur dudit Fauconneau, montée sur son Affust, huict cens quatre vingts liures.

Son Boulet a pour Dyamétre deux Poulces moins demye Ligne, & pese trois quatrons & demy.

Le Lecteur sera aduerty en passant, qu'encor que i'ay dit cy-deuant que le mesme nombre de pieces de Ferrures specifié au Canon, & requis en toutes les pieces d'Artillerie suiuantes; si est-ce qu'ès trois dernieres on en peut retrancher quelques-vnes, comme des Lyens tant soubs-Bandes que sur-Bandes, & autres.

DV CA-

Premier Liure

DV CANON, DE SA LONGVEVR, DV CALIBRE, DE LA POVDRE, ET DES PROPORTIONS NECESSAIRES.

CHAPITRE PREMIER.

VIS que le Canon & la Poudre sont comme l'ame d'vne armée assiegeante, il sera bon d'en traitter, & examiner leur force & violence, afin qu'en construisant la forteresse, on leur puisse opposer les remedes necessaires.

Toute l'experience qui jusques auiourd'huy a esté faict de l'Artillerie, & de la poudre, n'a peu faire cognoistre qu'elle est la vraye & juste proportion du caubre, longueur, & de la poudre ensemble.

La coustume & reigle de charger le canon, & autres pieces, est diuerse, selon la valeur de la poudre.

Il ne s'est neantmoins, jusques à present, trouué homme qui ayt rendu raison, ny monstré la vraye & juste proportion du canon, de son calibre, & de sa charge, selon la valeur de la poudre.

Espreuue du Canon. Les douze pieds, selon la mesure du pais, peuuet reuenir enuiron dix pieds François.

Par l'experience que le Seigneur de Linar a faict faire en Allemagne, il s'est trouué que la violence du canon de douze pieds de longueur, est égale à celle du canon de treize jusques à dix-sept.

Il semble que la raison de cecy soit, que l'exhalation de la poudre, apres douze pieds, ne pousse plus la balle.

Quand à la valeur & violence de la poudre, en diuers calibres, & diuerses longueurs, il est difficile d'en juger : car par l'experience ordinaire, on cognoist que la proportion du petit au grand, ne se rapporte en aucune façon.

Proportion necessaire entre la longueur du canon, son calibre, & le poudre.

Il y a donc vne certaine proportion entre la longueur du canon, & son calibre, & entre tous les deux, & la poudre ; & ce qui est par dessus, est inutile ; & ce qui est au dessoubs, faict defaillir & manquer.

Suiuant la figure precedente, la proportion du canon, & de son calibre, sera, qu'il doibt auoir en longueur (sa balle estant posée de demy pied de diametre) dix-neuf longueurs de diametre d'icelle balle, à prendre depuis l'embouchure jusques à la platebande & culasse. Par derriere au droict d'icelle platebande, trois diametres de la balle, & à l'embouchure deux : La bouche doit estre de six pouces, & quelque peu plus, comme deux lignes pour l'air & le jeu de la balle. Au droict du Tourillon doit auoir deux diametres vn tiers, lequel doit estre de la grosseur de la balle : & pour estre bien posé, faut mesurer le milieu de la piece auquel se fait le renfort & moulure, & le mettre vne longueur de diametre plus derriere, tirant vers la culasse.

Pour bien proportionner le canon auec son affust, & le bien balancer sur iceluy, suiuant la description de la figure cy-dessus, faudra qu'il y ayt depuis le bout de deuant de l'Affust, jusques au tourillon, dix pouces de longueur. Et y a pareille proportion en toutes les autres pieces.

Il se pourroit encore faire quelque espreuue & experience plus exacte ; mais je laisse cela à vn autre, parce que telles choses dependent d'vn Roy, & de sa liberalité : outre qu'il se pourroit encore dire quelque chose du metail, fonte, & des diuerses sortes de poudre. Ce qui meriteroit vn traikté à part, lequel j'espere faire auec le temps.

Je reuiens à ce qui se faict ordinairement.

La poudre commune, pour la charge du canon, doit estre le tiers de la pesanteur de la balle, pour le moins.

La portée du canon de France (duquel nous entendons parler cy-apres, de poinct en blanc, & de ligne droicte) est d'enuiron six cents pas communs.

De la couleurine, autant, ou enuiron.

De la bastarde, quelque peu moins.

Les batteries se font ordinairement de deux cents, ou trois cents pas, pour éuiter aucunement les harquebuzades, ou mousquetades.

Si ce n'est quelque commodité, ou aduantage du lieu, qui les face approcher, comme pour tirer au pied d'vne muraille, ou pour se mettre à couuert des lieux fort eminens de dedans la place assiegée: Ce qui sera traitté au quatriesme liure.

La force ordinaire d'vn canon (estant tiré de deux cents pas) est de percer quinze, & dix-sept pieds de terrace, moyennement r'assise: dix, & douze pieds seulement de bonne terrace, serrée de long temps: vingt-deux, & vingt-quatre pieds de sable ou terre mouuante.

Vn canon peut estre tiré cent coups le iour, & ordinairement quatre-vingts coups.

Il s'est veu soubs le Roy Charles neufiesme, à Paris, que le sieur Desirez (grand Maistre de l'Artillerie de France) a faict, en neuf heures, tirer par plaisir d'vn mesme canon, & d'vne mesme poudre, deux cents coups; sans endommager la piece en façon quelquonque: Tellement que l'ailliement des metaux estant bien faict en la fonte, comme l'art l'enseigne, & l'experience le monstre; l'on se pourra asseurer des pieces pour faire de grands effects, si la diligence & seruice des Officiers respondent à la bonté de la piece. *Experience du canon.*

La couleurine peut aussi estre tirée cent coups le iour, ou enuiron.

La bastarde, cent vingt-cinq coups.

La moyenne, cent cinquante coups.

Le faucon, cent quatre-vingts coups.

Le Fauconneau, deux cents coups.

Il sembleroit que les pieces au dessoubs du Canon ne pourroient en mesme temps estre tant tirées & exercées, à cause qu'elles ont moins de metail, & que par consequent elles seroient plustost eschauffées: mais la reponse est prompte.

C'est qu'elles sont plustost r'affraichies, & plus aisées & faciles à toutes sortes de maniemens, & autre trauail.

La force du canon, tiré de bas en hault, ou de hault en bas, ou de niueau, est égale, s'il n'y a point de recul à la piece: & toute la difference qui se faict par le reculement de la piece, est insensible: mais ayant esgard à la matiere contre laquelle on faict la batterie, celle qui est battuë de bas en hault, est plustost esbranlée, & ruinée, que celle qui est battuë de niueau, ou de hault en bas, à cause que ce qui surmonte l'endroict battu, n'est jamais si bien retenu que le dessoubs, qui a pour baze son fondement ferme & asseuré.

Cecy s'entend des corps bastis à plomb, & non des murailles, construictes de bonnes matieres, auec grand talu, par le moyen duquel on empesche que le canon ne peut tirer en angles droicts, ny à la mire; & par consequent n'ébranle point si tost, comme il sera dict cy-apres: mesme ce qui est ébranlé, s'entend de ce qui est au dessus des coups.

Premier Liurē

DE LA FACON DES BAT-
TERIES, ET DES EFFECTS D'ICELLES.

CHAPITRE II.

T d'autant que la force & violence d'vne mesme poudre est semblable & égale par tout en vn mesme Canon, il sera bon sçauoir quels sont les effects de plusieurs pieces ensemble, & de quelle façon on en vse pour les rendre plus grands.

L'experience faict cognoistre que les batteries qui se dressent de part & d'autre, d'vn angle en se croissants, (comme A & B, à l'entour de l'angle C D E) font bien vne plus grande ruyne, qu'vne batterie simplement de front ; & semble que la raison soit, que celle-cy n'esbranle tousiours que d'vne mesme sorte : mais l'autre abat & renuerse, (principalement si les pieces sont tirées d'vn mesme temps, & à propos) comme nous voyons souuent plusieurs choses subsister, & demeurer debout, n'estans poussées ou esbranlées que d'vne sorte, & tomber facilement si elles sont en mesme temps chocquées diuersement.

de Fortification.

Par le moyen de telles batteries, on a veu démolir & reduire en poudre, en peu de temps, de grandes masses de murailles, & terraces fort amples, non sans grand effroy & estonnement des assiegez, qui souuent leur oste le iugement d'y donner remede. *Batterie croisée.*

Faut encore noter par la mesme experience, que mil coups tirez promptement auec dix canons, font plus de ruyne que quinze cents tirez auec cinq canons.

Par ceste façon les assiegez peuuent auoir quelque temps & moyens de reparer les breches & ruynes, & par celle-là les assiegeans en ostent tous moyens aux assiegez, à cause de la promptitude & diligence des bons cannonniers, & par la frequente & continuelle tempeste de l'artillerie.

La mesme experience monstre encore, qu'vn coup de canon tiré à propos, & selon l'art, dans vne terrace, ruynera plus qu'on ne peut restablir auec cinquante hottées de terre. Tellement que selon le nombre des pieces & valeur des murailles, & terraces, les assiegez pourront aucunement iuger de la ruyne, & par consequent des reparations necessaires : qui est vne des considerations principales que doit auoir vn bon Ingenieur ou Capitaine, qui attend vn siege, comme il sera dit cy-apres. *Ce que peut ruyner vn canon. Vne hottée de terre est posée la charge commune d'vn homme. Consideration notable.*

Et pource que l'artillerie doit le plus souuent seruir à deux effects : sçauoir à faire breche, & empescher le trauail des assiegez : Il est bien euident qu'vn seul coup tiré en vn demy quart d'heure, comme il a esté dict, ne peut faire cet empeschement : Tellement que les assaillans ont donc égard au trauail que peuuent faire les assaillis pendant ce demy quart d'heure, pour y apporter vn empeschement continuel.

Ce que nous recognoissons par pratique ordinaire, est, qu'vn homme peut de cent pas porter en vne heure enuiron trente hottées de terre : tellement que douze hommes peuuent, sans hazard de leur vie, restablir en mesme temps ce qu'vn coup de canon aura ruyné de rampart, & vn chacun fera trente, ou trente-deux voyages à la breche : dont s'ensuit que si on bat auec douze canons, on empeschera non seulement le trauail des douze hommes, mais de plus grand nombre, estans les quatre-vingts seize coups de canons tirez d'vne entre-suitte si soudaine, qu'ils ne laissent point de temps aux assailliz pour trauailler sans grand peril. *Prenant les terres plus pres, seroit gasté le lieu destiné pour l'assemblée des gens de guerre, & pour les retranchemens.*

Il s'ensuiura donc qu'il faut à vne armee assaillante pour le moins douze canons.

On peut adiouster deux ou trois couleurines, ou quelques bastardes, pour empescher les sorties, & autre trauail.

Or douze canons estans bien placez, & employez, auec ceste diligence, ruyneront auec douze mille coups, vn rampart de douze toise d'espesseur, ou enuiron. *La moindre armée doit auoir douze canons.*

De cecy ie n'en apporte autre raison que l'experience ordinaire : car ie comprendray facilement d'vne toise ou deux de plus ou moins, pour establir ce principe : dont sera euident que quatorze canons faisans plus de ruyne que douze, seize que quatorze, & ainsi consequemment (sans qu'on en puisse neantmoins rien dire de precis, faute de si diuerses experiences) il faudra augmenter l'espesseur des remparts selon le surcroist des batteries, non toutesfois en mesme proportion, d'autant que les dernieres toises ne sont si faciles à ruyner que les premieres, comme chacun sçait.

B ij   DE LA

Premier liure.

DE LA PROPORTION D'VNE ARMEE CONQVERANTE, DE SES MV-NITIONS ET ARTILLERIES.

CHAPITRE III.

CAR le Canon & la Poudre estans l'ame d'une armée assaillante (comme il a esté dict) & les choses les plus requises & necessaires en icelle, les assiegez doiuent juger de la grandeur d'icelle armée par le nombre des pieces & munitions qu'elle meine, ou juger du nombre des pieces & munitions par le nombre d'hommes & gens de guerre qui la composent.

Proportion d'vne armée & de son artillerie.

Car comme il y a proportion, ou doit auoir, entre vne armée, & les commoditez du pays qui la soustiennent ; (comme chacun sçait) ainsi y doit-il auoir proportion entre le nombre des pieces d'artilleries, auec la quantité de poudres & balles, & l'armée qui les conduict & garde. Cecy est si clair, que je croy n'estre besoin de descrire le desordre qui autrement en aduiendroit.

Parce que la Caualle-rie n'est point suiet-te à l'Artil-lerie.

Ce qui s'est neantmoins peu cognoistre, tant par les armées Chrestiennes, que autres, est de donner à mil hommes de pied vn canon, mil balles, & la poudre necessaire pour les employer: Sçauoir pour vne charette à trois bons cheuaux, trente-trois balles : c'est à dire, dix cheuaux pour vn cent de balles, qui pezeront vnze cents liures: & cent cheuaux pour mil balles, qui pezeront trente-trois mil liures.

Pour les chars & charettes qui meneront la poudre, pezant enuiron vingt-deux mil liures (pour estre les deux tiers de la pezanteur des balles) soixante-six cheuaux.

Pour mener & trainer le Canon monté, vingt-deux cheuaux, puis quatre charettes de douze cheuaux pour mener les enclumes, soufflets, marteaux, & autres ferailles, auec quelque pauillons & tentes : Tellement que l'attirail d'vn Canon peut estre de deux cents cheuaux, ou enuiron.

Il me semble n'estre hors de propos de descrire encore sommairement quelque chose de la conduitte de l'artillerie en vne armée conquerante ; d'autant que ceste cognoissance pourra seruir à ceux qui s'attendent d'estre assiegez, tant pour se preparer à se bien defendre, & entreprendre auec aduantage, que pour s'abstenir d'entreprendre mal à propos, & se laisser assieger & renfermer dedans vne place mal fortifiée, degarnie de toutes sortes de munitions, & sans espoir d'estre bien tost secourus.

En l'auant-garde on meine ordinairement vn nombre de menuës pieces, comme Bastardes, & Moyennes ; lequel nombre est neantmoins selon la discretion du General d'armée, & du grand Maistre de l'Artillerie, qui le feront rapporter à la proportion de l'armée.

En la bataille sont les Canons & Coulevrines en nombre proportionné.

En l'arriere-garde sont semblables pieces qu'en l'auant-garde, selon la mesme discretion.

Ordinairement l'Infanterie la mieux armée est és enuirons de l'artillerie, & la Caualerie sur les aisles de l'armée.

Et pource que l'attelage du Canon est de moindre frais que son autre attirail, & qu'il y a souuent incertitude en la fonte, comme l'experience n'en est que trop frequente, le general d'armée fait quelques fois doubler le nombre des pieces, seulement pour faire les batteries plus grandes

de Fortification. 6

grandes & furieuses, & gaigner le temps : par ainsi tout l'attirail d'vn seul Canon seroit enuiron cent cheuaux, & faudroit donner deux Canons à mil hommes de pied : Mais posant les pieces estre de bonne & loyale fonte, pouuans en durer l'espreuue deuant dicte, (comme il est à presumer que le General d'armée, bien preuoyant, n'en receura point d'autres) cela demeurera pour constant, que l'attirail d'vn seul Canon, auec les munitions pour mil coups, sera deux cents cheuaux, ou enuiron.

Ioinct aussi que les assaillis preuoyans, peuuent auoir faict preparatif de balles de layne, & & autres choses semblables, qui surpassent en peu de temps le trauail ordinaire des horiers.

Ceste reigle neanmoins se change selon la diuersité des lieux, comme és places maritimes, *Reigle chā-* où on peut plus charger sur vn seul vaisseau, que mil cheuaux ne peuuent trainer : ou és autres *gée.* places frontieres, contre lesquelles les ennemys pourront faire secretement vn appareil extraordinaire, pour l'employer tout à coup, & en si peu de temps que la place auec les assiegez, en seront en hazard. Et au contraire, quand le pays est montagneux, ou marescageux, qui empesche le charroy, & estend l'armée en trop grande longueur, ne pouuans plus generalement faire entendre les alarmes qui se donnent par les coups de Canon en la campagne, comme par les cloches en vne Ville, & ne pouuant promptement secourir les extremites assaillies.

Ces choses bien considerées nous peuuent en fin amener à la proportion du nombre des as- *Proportion* saillans, auec tout leur attirail, au nombre des assailliz, auec toute leur prouision : Car il est *des assaillās* bien certain que dix hommes, en quelque place que ce soit, fortifiée seulement par Art de For- *& assaillis,* tification, seront facilement pris par mil assaillans : comme aussi mil hommes en vne forte place, ne pourront pas estre pris par mil assaillans (la force corporelle, industrie & vigilance, estant posée égale en tous hommes) joinct aussi qu'il y a proportion necessaire entre la capacité de la place, & le nombre des deffendans, comme il sera traitté cy-apres.

Puis donc qu'il y a du plus & du moins : *C'est à dire qu'vne place se peut tellement fortifier, & munir de toutes choses nécessaire, qu'elle resistera facilement à tous les efforts de certaine armée : & aussi qu'vne armée peut estre dressée & fournie de ce qui sera necessaire, en sorte qu'elle prendra infailliblement certaine place :* Il s'ensuiura que l'vne & l'autre se pour- *Cecy est le* ront tellement compasser, qu'on les rendra par Art égales, & par ce moyen l'vne ne sera ja- *but de ce* mais victorieuse de l'autre. *discours.*

Car il est bien certain que les places ainsi égalées, & munies, (au regard des assaillans) ne se prennent point que par les accidens qu'y arriuent contre l'opinion des assaillis : comme par la perte des Chefs, qui cause la diuision ; par les pestes, & autres maladies de diuerses sortes, qui viennent de la corruption de l'air ; par putrefaction des prouisions, ou par quelques accidens de foudre, ou autre hazard de feu dans les magasins, ou par quelque nouueau artifice, auquel on ne peut promptement remedier.

Comme en semblable les armées assaillantes ne se ruynent que par tels accidens, ou par mauuaises saisons, & sterilité du pays, qui suruiennent contre l'opinion : tellement qu'il faut que celuy qui est le plus incommodé de ces accidens (qu'on ne peut éuiter) cede à l'autre : & ainsi sont les places garanties, & les assaillans défaits, ou au contraire.

La proportion donc plus receuë, & commune des assaillans, & assaillis, pour les rendre (com- *Dix assail-* me i'ay dict) par Art égaux, est à mon aduis, enuiron de dix assaillans contre vn assailly, & de *lans contre* tout l'attirail & prouision de mesme. *vn ennemy*

Cecy veut dire, que s'il y a dix Canons deuant la place, il y doit auoir dedans la valeur d'vn Canon, reduit en plusieurs petites pieces, propres pour la defence ; comme en mesme raison des poudres, balles, & cheuaux pour faire le charroy en la place : Car il n'est pas necessaire qu'elle soit par tout defenduë de pieces, d'autant que l'assaillant ne peut pas attaquer par tout.

La raison de cecy se pourroit tirer du discours des histoires, & de l'experience des sieges qui ont esté depuis l'inuention de l'Artillerie ; mais elle seroit longue à deduire : i'en laisse l'examen aux bons esprits, qui sont nourris en ces affaires ; & je m'asseure qu'ils trouueront que je n'en suis fort éloigné : car il est tres-difficile, à mon aduis, d'en donner quelque chose de precis.

B iij Seulement

Premier liure.

Seulement ie diray, en paſſant, ce que perſonnes de diſcours ne peuuent nyer, que le moindre aduantage qu'vn homme de guerre a ſur vn autre homme de guerre, ſon ennemy, le rend victorieux, (les hommes poſes egaux, comme il eſt dict) & ſe trouuera que l'aſſailly a pour le moins huict aduantages ſur l'aſſaillant, auant qu'ils puiſſent également venir aux mains : ou pour mieux exprimer, l'aſſaillant reçoit huict incommoditez, dont l'aſſailly en eſt exempt. Pour le premier, d'eſtre mal logé en vne hutte. Pour le ſecond, découurir à faire les approches & tranchées. Pour le tiers, de percer la contreſcarpe, & entrer dans le foſſé. Pour le quatriéme, paſſer le foſſé. Pour le cinquiéme, ſe couurir d'en haut juſqu'au pied de la bréche. Pour le ſixiéme, môter la ruyne de la bréche. Pour le ſeptiéme, ſeparer & garder en montant, des artifices jettez d'enhaut d'icelle. Pour le huictiéme, combatre étant haraſſé, & peſamment armé.

Aduātages des aſſaillis ſur les aſſaillants.

Il ſe pourroit encor trouuer quelques incommoditez, comme de ſe loger à couuert, apres auoir gaigné le haut de la bréche, & autres. Mais il ſuffit de mettre en auant celles-cy, comme eſtant les plus fâcheuſes, au regard des autres, qui ne peuuent eſtre que petites.

Ie mets expreſſément ceſte proportion d'égalité en auant, afin qu'on cognoiſſe la ruyne plus euidente de l'aſſaillant, ou de l'aſſailly, ſelon qu'ils s'en éloigneront.

Ce n'eſt pas qu'il faille touſiours que l'armée ſoit complete dés-lors que la place commence à eſtre inueſtie: d'autant que le General de l'armée peut receuoir de iour en iour ſes commoditez, ſelon qu'il aura preueu, pour eſtre fort aſſez au temps qu'il commencera ſes approches, & ſera ouuert le Canon, qui eſt le commencement d'vn ſiege formé.

Maxime notable.

Nous tiendrons donc pour maxime, que quand nous voudrons baſtir vne foretereſſe, il faut auoir égard aux forces de noſtre ennemy, afin que la deſpence rapporte de la commodité, le trauail & le temps, du repos & aſſeurance, ſelon l'eſperance conceuë.

DES CHOSES INDIFFERENTES QVI NE SONT POINT DE L'ESSENCE DE L'ART DE FORTIFICATION.

Et premierement de laſſiette des places.

CHAPITRE. IIII.

AVANT que de traitter l'Art de Fortification, il ne ſera pas inutile de diſcourir des aſſietes des places, des commoditez & incommoditez d'icelles : de la muraille, & de ſa matiere : enſemble des terraces, retranchemens, foſſez, & contreſcarpes, qui ſont choſes indifferentes, communes à toutes ſortes de fortifications, & non de la ſubſtance & eſſence de l'Art : afin qu'icelles bien entenduës, on les puiſſe approprier & adapter à la fortification, ſuiuant les preceptes qui ſeront cy-apres enſeigné & demontrez, & que la neceſſité le requerra.

Pour le regard de l'aſſiette des places, la premiere & la plus aduantageuſe pour les aſſiegez, eſt celle de la montagne non minable, quand la fortification occupe tout le ſommet d'icelle : car elle eſt plus meurtriere que nulle autre, & ne peut eſtre commandée par aucun artifice de l'aſſiegeans : elle a ſes deffenſes aſſeurées, ne pouuans eſtre que difficilement batuës de l'artillerie, & d'icelle on deſcouure facilement à l'entour, pour empeſcher les approches: Mais elle

a auſſi

de Fortification.

a aussi ceste incommodité, que le plus souuent on y faute d'eau, de bonne terre, & de facilité de charroy.

La deuxiesme assiette est aussi sur montaigne, comme la precedente, hors-mis vne aduenuë, ou continuation de montaigne. Elle a vne incommodité plus que la precedente, en ce que l'assaillant ayant faict ses approches, peut éleuer quelque motte sur cesse aduenuë, & commander dans la place.

La troisiesme est aussi sur montaigne, en laquelle y a plusieurs aduenuës ; & celle-cy reçoit plus d'incommoditez que les deux autres.

La quatriesme assiette est la plaine marescageuse, aquatique, ou maritime, laquelle a ses commoditez, que les approches ne peuuent estre faictes sans desseicher les maraiz, ou apporter terre nouuelle, & marcher sur plate-formes de planches, ou clayes, tant pour y amener l'Artillerie, qu'autrement : L'incommodité est, qu'on y est tost renfermé, & les sorties en sont tres-difficiles & dangereuses.

La cinquiesme assiette est la planure de terre ferme, laquelle a aussi les commoditez de bonne terre, & quelques-fois l'eau dans le fossé ; la fortification par dehors aysée à faire, & les retranchemens par dedans : Mais aussi elle a ceste incommodité, que les approches s'y peuuent faire ayséement jusques dans le fossé, & peut-on éleuer quelque motte sur la contrescarpe, pour commander dans la place.

La sixiesme & derniere assiette est celle laquelle est commandée de quelque montaigne, ou montaignes ; les commoditez y sont petites, & les incommoditez sont grandes, & diuerses, selon la diuersité des lieux.

Six sortes differentes d'assietes & situations de places suffisantes pour donner entiere cognoissance d'vn nombre infiny d'autres desques il faudroit vn discours particulier sur chacune. Ce qui n'appartiés qu'aux plans particuliers des places qu'on a à fortifier & qui doit demeurer par deuers le Prince qui fortifie, afin d'en oster la cognoissance à son ennemy.

DE LA MVRAILLE, ET DE SA MATIERE.

CHAPITRE V.

O N a accoustumé de reuestir les forteresses de murailles, quelques-fois pour soustenir les terrasses qui ont peu de liaison, & qui d'elles-mesmes s'écoulent, & se ruynent, quelques-fois aussi pour resister aux pluyes, gelées, eaux de fossez, & autres incommoditez ; ou bien pour empescher les surprises d'escalades, qui seroient trop faciles au long du tallu des terrasses, estans les murailles dressées plus droictes, moins commodes pour tel effect.

Entre les meilleures matieres qui se trouuent en nostre France, celle de Mers est fort estimée : car on y voit encore des murailles couppés par le milieu, à force de cannonades, du temps que l'empereur Charles cinquiéme l'assiegea : lesquelles neantmoins subsistent debout : & est chose quasi incroyable, que des murailles de si petite espesseur, ayans esté tant battuës de coups de canons ; n'ont esté reduites en poudre. Autre bonne matiere se trouue à Sedan, à Mesieres, Bayonne, Boulongne, & en plusieurs autres endroicts, de laquelle n'est ja besoin de parler : & n'eusse point allegué les precedentes, sinon pour quelque cause qui sera declarée en son lieu.

Chaux & sable.

Les murailles de matiere douce, comme de briques, croye, & autre pierre tendre, seruent aussi au reuestement des terrasses, & ne sont pas facilement ruynées, n'estans battuës que de front, d'autant

Premier Liure

d'autantant que la balle ne faict que son trou, non-plus qu'en la terre.

Or s'il estoit necessaire de reuestir de muraille quelque fortification, je desirerois apres la bõne matiere, que la muraille ; sçauoir de sept ou huict pieds d'espesseur, ou enuiron, fust tout à plomb, & de hauteur de six pieds hors du fond du fossé sec, *pour l'effect qui se dira cy-apres*; & aux autres fossé, jusques au dessus de l'eau seulement : puis par dessus, auec tallu de trois pieds l'vn, estant bien soustenuë par derriere de esperons de vingt, ou vingt-cinq pieds de longueur, & enuiron de trois d'espesseur, distans l'vn de l'autre d'vne toize, construits vn petit en arcade auec la muraille ; afin qu'au dessus de quinze, ou vingts pieds, la muraille ne soit plus sur son fondement : & qu'icelle estant battuë par le pied, ou par le milieu, subsiste tousiours sur ses esperons. Que s'il y auoit trop de tallu, ou qu'il n'y en falluſt point du tout, (car il y a plusieurs matieres qui n'en peuuent souffrir, ou bien peu, à cause de la pluye, & de la gelée, selon les lieux & diuersité des matieres) il seroit besoin qu'entre les deux esperons, & de la muraille fust en arcade, & voutée ; & par dessus cette arcade, autres grandes arcades, comprenans plusieurs esperons, afin qu'estant battuë en cet endroict, le dessus puisse subsister plus long temps ; ainsi qu'il se peut voir en cette figure, en ce qui est marqué entre G H : & faut noter que ces arcades ainsi basties auec le corps de la muraille, doiuent estre couuertes & cachées au parement, de l'espesseur d'vne pierre, ou brique seulement, afin que les ennemys ne les descouurent pour rompre les costez qui les soustiennent. Item, qu'à toute muraille bastie à plomb, ou auec bien peu de tallu, ne faut tellement lier les esperons, qu'icelle en fin tombante, ne les tire en ruyne auec soy, ensemble la terre qui aura esté foulée & pressée entre iceux, comme nous en auons veu quelque experience : Tellement qu'il seroit bon en construisant le corps d'icelle muraille, y obseruer certaine deliaison à l'endroict de chacun esperon, depuis la moitié de leur hauteur seulement, jusques en haut, afin que le poids de la muraille tombante soit tousiours plus petit que celuy qui resistera.

Aucuns les appellent contreforts ou boutans.

Cecy se void en quelque veilles & anciennes murailles, basties auant l'inuention de la poudre & de l'artillerie.

Mais ceste derniere inuention peut plus seruir contre la sappe, que contre vne grande batterie.

Pour le regard du tallu en bonnes & fortes matieres, l'inuention d'Albert Durer me semble tres-bonne : c'est de faire autant de pente & tallu en la muraille, que de hauteur, afin que la balle ne donnant point en angles droicts contre icelle, puisse bricoler en amont, & faire moins d'effect : mais cecy ne semble point se rapporter à la maxime du chapitre troisiesme, à cause du grand coust de telle sorte de muraille, qui surpasse le quadruple des autres : Tellement que cette inuention, auec la precedente, se peut reseruer seulement pour quelque endroict particulier d'vne place, comme celles qui seront traittées au troisiesme & quatriesme liures, où l'assiette d'icelles donne tel aduantage aux assaillans, qu'on peut facilement juger que la place sera necessairement battuë par tel endroict, lequel en ce cas sera bon reuestir de muraille construitte de ceste sorte.

Il seroit aussi necessaire qu'au pied de la muraille (hors d'eaué toutesfois, & dedans son espesseur, qui doit tousiours estre plus grande qu'au dessus) il y eust vne petite voute de cinq pieds de hauteur, & de deux & demy de largeur, pour seruir de contremine, auec des soupiranx cachez, & bien couuerts.

Et d'autant qu'en plusieurs lieux les matieres ne peuuent souffrir telle construction de muraille que cy-dessus, & que mesme l'experience a faict cognoistre par les ruynes aduenuës, l'erreur de ceux qui par cy-deuant ont voulu s'en seruir, & l'obseruer de tous poincts, & en tous lieux & endroits, comme font encore aucuns de ce temps, non experimentez ; & en font comme d'vne selle à tous cheuaux : & qu'il se pourroit rencontrer telle assiette de place, & nature de terre, qu'il seroit impossible d'y fouïller, ny creuser, pour y faire des esperon, comme quand il y a vne grand' hauteur de terre sablonneuse, remuée, & coulante, ou de la menuë blocaille, qu'on appelle foizy.

Pratique generale pour la construction de la muraille.

Il sera bon de descrire vne maniere de construction de muraille, dont on peut vzer & pratiquer generalement en tous endroits, qui est de, Premierement considerer la qualité de la terre, si elle est ferme ou remuée coulante, ou non, la hauteur d'icelle, si le fondement est bon, & alors proportionner l'espesseur de ladite muraille à sa hauteur, qui sera de luy donner pour espesseur par bas, le tiers de sa hauteur, conduicte au parement de deuant en talu de neuf pieds

l'vn, (c'est

de Fortification. 7

l'vn, (c'est à dire, que sur la hauteur de neuf pied, l'espesseur diminuëra d'vn pied) & par derriere, à plomb: Et és lieux où le fossé se pourra remplir d'eau, sera bon de laisser le long de la muraille vne bancquette de terre de largeur d'enuiron six pieds, pourueu que ce soit terre ferme, pour empescher que l'eau venant à battre & creuser le pied de la muraille, ne cause la ruyne d'icelle.

Pour les hauteurs des murailles, parce qu'elles se font selon la necessité ou commodité du lieu, & des matieres; Cela demeure au iugement d'vn bon Ingenieur; comme aussi s'il y doit auoir vn cordon, ou plusieurs, & où il est à propos de les pozer.

DES TERRACES,
CHAPITRE VI.

Es terraces ou remparts d'vne place doiuent souuent estre d'espesseur, pour resister à la violence de la batterie de l'assaillant, sans y comprendre les montées.

Quand la muraille se fait la premiere, & qu'elle est bien soustenuë d'esperons, comme nous auons dit, on doit mettre de fort bonne terre, & bien serrée entre les esperons, & iusques à la hauteur d'iceux pour demeurer debout en defaut de muraille: puis au bout des esperons éleuer vn rampart de mesme terre (si le lieu le donne) auec

C   vn talu

vn talu conuenable. Ce qui se pourra obseruer en la derniere construction susdite, encore qu'il n'y ayt point de esperons, en endossant la muraille de bonne terre, comme dict est.

Ceste distance entre la muraille & le rampart, se faict afin que l'assaillant soit contrainct de battre doublement ; sçauoir la muraille premierement, puis le rampart.

Parapet. Dessus ceste terrace ainsi éleuée, se doit faire le parapet, ayant son espesseur de la longueur de la picque, & au dessous, afin que la defense en soit plus prompte & aysée, pourueu neantmoins que ceste espesseur ne puisse estre percée d'vn coup de canon ; autrement la faudroit faire selon que la necessité le requerroit, pour auoir couuerture asseurée, principalement pour les pieces d'artillerie qui sont placées és lieux plus éminens.

Le parapet doit estre de huict ou neuf pieds de hauteur par dedans, afin de couurir l'homme, tant de pied que de cheual : mais il y doit auoir vn degré, ou deux (qu'on appelle banquettes) pour monter les harquebuziers, & que le parapet s'abbaisse par deuant, & au front de la terrace, afin que le Soldat estant monté sur les banquettes, puisse ayséement decouurir sur la contrescarpe. Ceste hauteur de neuf pieds par dessus quelque chose, sera cy-apres appellée *vn commandement* : *Commandement de Fortification.* dix huict pieds, *deux commandemens* : trente-six pieds, *quatre commandemens* : & ainsi de plus, ou moins.

La terrace, sans comprendre le parapet, doit estre de largeur suffisante pour passer commodément chars, charrettes, Artillerie, Caualerie & Infanterie.

Le derriere de la terrace doit estre anallé au long, en sorte qu'on puisse facilement descendre & monter.

La hauteur des ramparts se faict à fin que tant les hommes, que les logis & maisons, soient couuerts de la batterie que l'assaillant pourroit faire. Et ceste hauteur (compris le parapet) est suffisante de vingt-cinq pieds, ou enuiron, à prendre sur la superficie plaine de la place. Car puis que la hauteur ordinaire des logis n'est que de trente pieds, ou enuiron, il est bien certain que l'assaillant, en quelque lieu qu'il se puisse mettre en la campagne, & selon la portée du canon, ne pourra decouurir que la sommité des couuertures des maisons.

Et pource que l'art d'assaillir enseigne de faire & éleuer de grandes mottes & masses de terre, pour plus ayséement d'icelles decouurir dans la place assiegée, & y commander : Il sera bon, tant pour empescher les approches, que tout autre trauail de l'assaillant, d'y preparer autres masses & *Caualiers.* mottes (qu'on appelle caualiers, à cause qu'ils sont plus éminens & hauts que les autres lieux, comme vn homme de cheual est par dessus vn fantassin) pourueu qu'elles soient retirées & plus proches du centre de la place, afin qu'elles n'empeschement point les retranchens.

La hauteur de ces caualiers sera suffisante de deux commandemens, qui sont trois toises par dessus les ramparts, & dix-huict ou vingt de quarrure, pour y loger commodément quatre canons, ou couleurines ; d'autant que iusques à present nous n'auons experience qu'aucun assaillant (pour puissant qu'on le puisse estimer en la Chrestienté) aye surpassé par Art & trauail ceste hauteur, longueur & largeur : Et seroit aysé de monstrer qu'vne entreprise par dessus seroit peu profitable à l'assaillant.

La proportion du fossé, & du rampart. Il reste seulement à noter en ce chapitre, que les corps tant des ramparts, que des caualiers, estans faits ordinairement de la terre qu'on tire en creusant les fossez, il semble que la proportion de l'vn depend de l'autre. Et pourtant ayant posé là moindre armée garnie de douze canons, & de munitions pour tirer douze mil coups, & que les effects de tant de coups peuuent ruiner douze toises, ou enuiron. Nous dirons que les ramparts doiuent auoir en épesseur, pour le moins, treize toizes par le haut. Et se doit icelle épesseur augmenter selon les places qu'on fortifiera, *Espesseur du moindre rampart.* ayant égard aux forces des assaillans.

Ne faut obmettre de planter sur les ramparts des ormeaux, ou autres sortes d'arbres qu'on auisera pour le mieux, tant pour le plaisir qu'on en reçoit de iour en iour, (comme chacun sçait) que pour l'vtilité & profit qu'ils apportent en temps de siege, ou le bois est ordinairement rare, non seulement pour le chauffage, mais aussi pour faire gabions, facines, & autres œuures, qui seruent à la Fortification.

L'élection de ces arbres, & la façon de les planter, se laissent à la discretion de ceux qui ayment l'embelissement d'vne ville, & le profit public.

DES

DES RETRANCHEMENS.

CHAPITRE. VII.

LE retranchement qu'on a accoustumé faire en vne place assiegée, est pour arrester la violence d'vn trop furieux assaut, quand par les inconueniens descrits au chapitre troisiéme, la proportion des assaillis ne répond point à celle des assaillans, ou quand, sans aucun inconuenient, la puissance des assaillans surmonte en toute sorte des assaillis.

Le premier est particulier, ou general.

Particulier, quand il est faict à l'endroit d'vne bréche seulement.

General, quand il comprend toute la face, ou faces & parties opposées à la batterie de l'aissaillant.

Le retranchement particulier se fait arriere ou pres de la bréche, selon que la capacité du lieu le permet.

Le general, selon aucuns, doit estre éloigné du rampart, ou de la bréche, quatre-vingts, ou cent pas : Selon autres, seulement cinquante, ou soixante. Et selon d'autres aussi, vingt-cinq ou trente pas seulement.

Faut noter, que ces diuerses distances s'entendent pour les places ou le dedans est libre pour le trauail, & quand on n'est astreint à aucune chose. Cecy sera amplement traitté au second Liure, Chapitre XI. De la forme des retranchemens.

Le plus éloigné se fait en partie à fin que les assaillans ayans gaigné le haut du rampart, & forcé les assaillis de reculer, soient contrains venir de loing à découuert : en partie aussi pour éuiter les éclats, mousquerades & harquebuzades, qui facilement perceroient les parapets des retranchemens, lesquels, le plus souuent, ne sont que de planches, & autres choses delicates, que la necessité, ou le peu de loisir qu'on peut auoir de se retrancher, contraint mettre en œuure.

Quelque-fois ces distances seruent pour combatre à cheual, quand les sorties & issuës des retranchemens sont bien couuertes, & bien faictes de chacun costé dudit retranchement.

L'incommodité aussi qu'apportent ces longues distances, n'est pas petite : Car les assaillans ayans faict quitter le rampart aux assaillis, peuuent trainer, & tirer à force de bras, quelques pieces d'artillerie sur le rampart, lesquelles ils pourront facilement couurir de sacs pleins de terre, ou de gabions ; & de là s'ensuiura la ruine du retranchement.

Aussi les harquebuziers qui sont au retranchement, ne tirent pas asseurément de si loin, & ne peuuent pas fausser ny percer si facilement les rondaches, & cuirasses, qu'en tirant de trente pas ; & par consequent ne soustiennent pas si bien ceux qui defendent la bréche.

L'autre incommodité est, qu'il y a tousiours plus de besongne à faire tels retranchemens, que quand ils sont plus pres, tant parce qu'il y conuient souuentesfois abatre beaucoup de maisons & murailles, que pour ce que le circuit en est ordinairement plus grand.

Ie laisse à balancer ces raisons à ceux qui sont plus experimentez : quand à moy je souhaiterois vn retranchement à trente ou quarante pas du rampart, ou autre distance suffisante, pour tenir seulement en ordre ceux qui seroient destinez à faut par ce raua. Ce auj gist au jugement d'vn bon Ingenieur, & des Capitaines experimetez se peuuent plus commodément & p

A iij

Pour le second retranchement, est à noter, que quand la puissance de l'assaillant surpasse en sorte la proportion cy-deuant alleguée, que le nombre tant d'hommes que d'artillerie, & quantité de munitions, aporte si grande ruyne, que le trauail ordinaire des assaillis ne suffiroit point contre leurs efforts; alors ie ne serois d'aduis de soustenir aucunemēt la bréche à coups de mains, (craignant vne trop grande meslée, qui pourroit causer quelque mal-heur;) ains par moyens de retranchemens extraordinaires faicts en ceste sorte.

Retranchemens extraordinaires. Sçauoir, que le rampart ayant grande & suffisante épesseur, soit couppé & taillé à plomb du costé de la ville, pour arrester de prime face ceste grande multitude d'assaillans: & pour le surplus, construicts de mesme façon que les precedens: Car il est bien vray-semblable que ces grands efforts ne tendent point à se loger sur vne bréche, pour rendre la place pied à pied, (c'est à dire auec longueur) mais la forcer par vn assaut violent, auquel on ne pourroit pas facilement resister sans ceste forme de retranchement.

Ceste façon d'assieger peut estre aucunement preueuë par les Capitaines & Ingenieurs experimentez, à cause que le bruict d'vne si grande armée, & d'vn tel attirail, precede de long temps les sieges, & faict penser à se munir comme il faut: autrement s'ensuit la ruyne d'vne place necessairement: & ay seulement descrit ceste façon de retranchement pour ceux qui ne pouuans remedier au principal, attendent vn secours prompt.

Les retranchemens ne doiuent jamais estre si hauts que les ramparts & terraces de deuant, afin que les batteries ne les puissent offencer.

Quand vn retranchement se faict promptement, on a quelquesfois accoustumé se seruir des ruynes des maisons, & des murailles & parois d'icelle: & à faute de ce, on entre-lace des pieces de bois de long & de trauers, auec fumier & terre; ou on se sert simplement de pallissades bien liées & attachées ensemble, auec quelque couuerture de mantelets, planches, ou autres estoffes legeres, que la necessité contraint mettre en besongne: & a-on veu assez souuent qu'vn retranchement legerement accommodé, apporte du loisir pour en faire vn plus ferme & asseuré.

Les meilleurs retranchemens sont ceux qui sont faicts de sommiers, pieces de bois, ou longues trabes entre-croisées & remplies de terre, & par dessus vne rangée de gabions bien liez & serrez ensemble, remplie aussi de bonne terre, & en defaut de gabions: la facine fumier & terre, sont matieres pour faire vn bon paraper.

Il est aussi necessaire (si le temps le permet) de faire quelque petit fossé deuant le retranchement (pour y auoir de l'eau, s'il est possible.) Que s'il est sec, faut faire des sorties par dessouz le retranchement pour entrer au fossé, & y couler des harquebuziers.

La contrescarpe de ce petit fossé doit estre vn peu haussée, afin que l'ennemy ne decoure point le pied du retranchement pour battre les poutres & sommiers, qui ne se peuuent pas facilement ruyner autrement.

Les sorties des retranchemens se font selon les occurrences: mais il faut qu'elles soient bien couuertes, & non sujettes à surprise, si les assaillans venans aux mains, se mesloient auec les assaillis.

D V

de Fortification.

DV FOSSE.
CHAPITRE VIII.

LE foffé eft plein d'eau, ou il eft fec.
S'il eft plein d'eau, il empefche les furprifes, contraint l'affaillant de le remplir petit à petit, & auec grande difficulté, pour venir à l'affaut, ou bien d'y jetter quelque pont, ou ponts flotans, pour par iceux paruenir au bas de la bréche, & s'y loger pied à pied.

Ie ne parle point d'y venir à l'affaut : Car les Capitaines & Soldats experimentez ſçauent affez quelle fortune courent ceux qui s'y hazardent. Et s'il se trouue peu de Soldats d'affaut, (quand mefme le chemin leur feroit ferme & feur) il s'en trouue encore moins quand il faut paffer par vn pont branlant, ou flottant.

Tels ponts fe font donc pour gaigner pied à pied, & par confequent donnent loifir aux affiegez de fe retrancher, & inuenter autres artifices de defence. *Attaquer vne place pied à pied, prefuppofe vn long fiege.*
Le foffé plein d'eau apporte auffi cefte incommodité, que les affaillis font ayfément enfermez, & les forties fort dangereufes ; outre que ceux qui font jettez fur les contrefcarpes & lieux forts de dehors, ne font point fi facilement fecourus, & ne fe peuuent pas auffi ayfément retirer, à caufe que les affaillans ont accouſtumé de prendre garde aux portes, & les rendre (s'il eft poffible) inutiles à force de canonnades, ou autrement.

D'alleguer les batteaux pour fecours, il me femble que cela eft debile contre vn affaillant aduifé.

Le foffé fec, taillé & creufé dans la terre, doit auoir fa profondeur jufques à l'eau, ou jufques au roc, afin d'eftre exempt de mines & de tranchées : & approuueray fort vn petit foffé au milieu plein d'eau (pourueu qu'elle ne fe puiffe jefter) pour empefcher les furprifes : & la largeur du petit foffé me femble fuffifante de douze, ou quinze pieds, afin que les ponts qu'on peut faire deffus pour fecourir ceux de la contrefcarpe, foient plus ayfez & portatifs.
Le foffé fec apporte cefte commodité aux affaillis, qu'ils peuuent par diuers endroicts faire des forties, fecourir facilement ceux qui font en la contrefcarpe, ou és autres logis de dehors, combattre mefme dans iceluy (quand l'ennemy l'auroit gaigné) y jetter artifices de feux, & autres chofes pour brufler les fagots, & facines que l'affaillant y pourroit auoir mis, vuider les remplages, y baftir defences nouuelles, qui font fouuent perdre beaucoup de temps aux affaillans, & donnent loifir de trauailler au dedans.
On peut en vn foffé fec (qui ne fera caué jufques à l'eau) au pied de la muraille, & efcarpe, faire & cauer vn petit chemin en forme de canal, couuert de pierres, ou planches, de deux pieds, ou enuiron de largeur, & de quatre de hauteur : pour par iceluy pouuoir fubtilement mettre de la poudre, & autres artifices, au pied & au-deffous de la bréche, afin qu'à l'inftant de l'affaut, la poudre eftant allumée, emporte par fon exhalation les ruynes de la bréche, qui feront deffus : Ce qui ne fe fera fans perte, & terreur des ennemis, faifant par ce rauage la bréche plus inacceffible qu'elle n'eftoit. Finalement, en vn foffé fec fe peuuent plus commodément & promptement *Cecy ne fe doit faire quelors qu'on attend vn fiege.*

A iij

ment faire des logis pour defendre le long d'iceluy, qu'en vn fossé plein d'eau.

Quand à la largeur des fossez, les extremitez sont desaduantageuses : car la trop grande largeur est cause que l'assaillant découure facilement le pied de la muraille de l'escarpe ; & la trop petite, est ayséement remplie, & est cause que plus facilement on oyt ce qui se faict dans la place.

Mais d'autant que le corps des ramparts se faict de la terre qu'on tire des fossez, & que tel corps (ainsi qu'il a esté décrit au Chapitre des Terraces) estant reduict soubs deux lignes droictes seulement, pourroit contenir pour la moindre épesseur treize toizes de largeur, & trois ou quatre de hauteur : Il s'ensuit que nous deuons, pour le moins, donner la mesme proportion au fossé ; sçauoir treize toizes par le fond de largeur, & trois ou quatre de profondeur : auec ceste consideration neantmoins de les augmenter, selon la capacité des places qui se fortifieront, ayant égard à la puissance de l'armée assaillante, comme il a esté dict.

La premiere proportion du fossé procede de la premiere proportion du rampart.

Ce n'est pas que si le lieu n'est couuert de beaucoup de terre, & que l'eau se trouue trop tost, qu'on ne puisse élargir le fossé, & y en prendre ce qu'il faudra pour faire le corps du rampart de son épesseur & hauteur : Et si le roc se trouue aussi, lors faudra chercher des terres ailleurs, & creuser & élargir le fossé comme on poura.

Et pource que le circuit des fossez est plus grand que celuy des ramparts, & qu'il y auroit plus à vuider qu'à remplir, il est bon d'employer ce surplus à faire les caualiers, ainsi que nous auons dict, & à releuer quelque peu la contrescarpe, comme il sera monstré au chapitre suiuant.

Tellement que ce qui sera par dessus ceste proportion, sera peu de profit, & ne se rapportera aucunement à la maxime descrite sur la fin du troisiesme Chapitre de ce Liure.

Cela son dict pour les places de terre ferme.

Pour le regard des fossez pleins d'eau, je croy que deux de quarante-cinq pieds chacun, separé d'vne petite terrace de dix pieds, ou enuiron d'espesseur, valent mieux qu'vn de cent : Parce que jettant vn pont flottant, il s'arrestera à ceste terrace, laquelle se fera disputer, si elle est bien faicte, pour couurir seulement quelques Soldats : Et en vn fossé large, vn pont sera quasi aussi tost jetté comme en vn estroit.

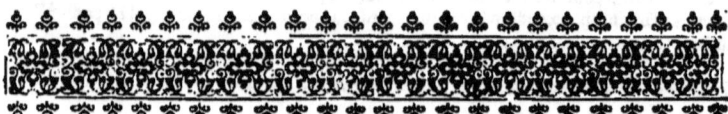

DE LA CONTRESCARPE
ET CHEMIN COVVERT, APPELLÉ COVLIDOR.

CHAPITRE IX.

LA contrescarpe est de roc, ou de muraille simplement.
Si elle est de roc, elle a cela d'auantage, que l'assaillant ne la peut facilement percer pour voir ou entrer dans le fossé : Le contraint ou de le remplir, ou de faire auec grand trauail vne entrée en iceluy.

On peut en la demy hauteur d'icelle faire logis de defense, & y loger quelques harquebuziers, pour tirer au dos ceux qui donneront à la muraille ou à la bréche, & par ce moyen rompre vn assaut, & donner du temps aux assiegez.

A un docteur.

Non, docteur, vous avez beau dire,
ma fantaisie est de rimer.
Sans disgrace de rien d'imprimer
c'est pour moi que je vous écris,
et si quelqu'un daigne me lire
loin de prétendre le charmer
je n'attends que lui qu'un sourire.
Sourire pour qui ne peut nuire,
du public promyst a le charmer
un grand auteur fait le martyre
je ne veux que me faire aimer.

  Mais, c'est là ce qui vous afflige,
Docteur, vous ne pouvez souffrir
que l'amour-propre nous oblige
voulez-vous ma faire mourir!

Il faut bien vivre avec soi même,
à quoi sert la mauvaise humeur!
Le matin, c'est le bien qu'on aime,
au soir, on en cause à dieux,
composez le plus beau système:
lisez le plus solide auteur,
aux sous désirs de votre cœur
dites mille fois anathème.
Doublez, triplez votre carême.
L'esprit malin sera vainqueur.
La vie est un pélérinage
à chaque pas nouveau danger.
Le moins fragile est le plus sage
et le plus sage peut changer.
Dans ce palais à triple étage
où la vertu seut vous loger,
qui pour vous du ciel est l'image
le vice ira vous assiéger.

D'une femme sotte et frivole
vous n'avez point le triste aspect
le plaisir n'est point votre idole.
vos beaux vassaux en respect
par vous mise, sous votre école
Astaroth est souvent échec
vous n'avez point un cœur abject:
quand l'avarice vous cajole
d'abord vous lui fermer le bec
mais la science de l'école
beaucoup de latin et de grec,
le grand talent de la parole
mettent souvent notre âme a sec.

Vous parlez de Dieu comme un ange,
vous en pensez excellemment:
l'orgueil vous gagne sourdement
et Dieu sait comme il vous arrange.
De bons désirs assurément
vous avez plus qu'une phalange,
mais vous êtes trop confiant
tout partisan de La Fontange
selon vous est fils de satan.

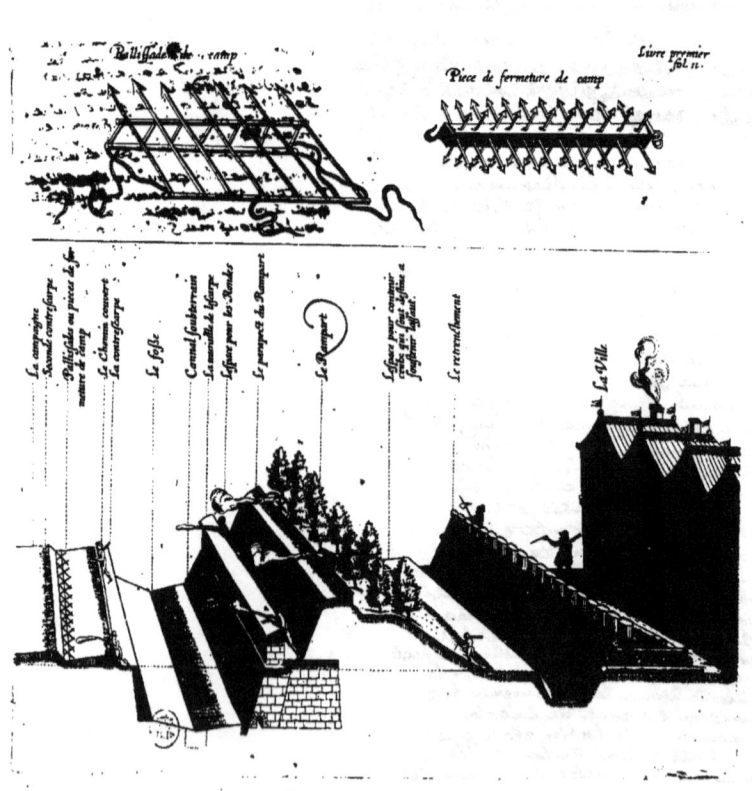

de Fortification.

Si la contrescarpe est de muraille, elle empeschera que de prime face on ne gaigne le fossé & le pied de l'escarpe, & contraindra l'ennemy de la percer, ou remplir le fossé (comme dict est;) mais aussi l'ennemy assaillant s'en peut servir de couverture contre ceux de dedans, en sorte qu'il verra à son gré tout le fossé, & ne sera point veu.

Les contrescarpes de terre doivent estre revestuës de murailles épesses, & basties de bonnes & dures matiere, (comme celle, que nous avons alleguées) si faire se peut, pour éviter les incommoditez décrites au Chapitre de la muraille & de sa matiere.

Le couridor se doit faire de quatre ou cinq toises de largeur, pour aller & venir Cavallerie & de hauteur pour couvrir un homme de cheval : y ayant toutesfois des banquettes & dégréz pour élever les gens de pied, afin de tirer par-dessus.

Les hauteurs des contrescarpes doivent estre moindres que celles des ramparts, & celles-cy (c'est à dire du rampart) moindres que celles des Cavaliers, afin que ce qui est plus éloigné du centre de la place, soit tousiours commandé de ce qui en est plus prés.

Les hauteurs des contrescarpes & couridors neantmoins se font selon le temps & le lieu. Selon le temps, comme quand on craint un siege prompt & violent; & lors les convient hausser en sorte que les deux tiers, ou environ, de la muraille soient couverts de la batterie de l'ennemy, & que ce qui sera battu ne soit suffisant pour remplir le fossé, ou bailler ouverture à la place par une bréche raisonnable. Le tout neantmoins selon la consideration du travail & du profit qu'on en peut esperer, comme il a esté dict sur la fin du troisiéme Chapitre de ce Livre.

Selon le lieu, comme quand la contrescarpe est de roc : alors ie n'y souhaitterois autre chose sinon le couridor taillé en icelle, afin que l'assaillant ne se peust couvrir & ayder de la terre qu'autrement on y mettroit, & qui serviroit beaucoup pour y élever un Cavalier.

Et pour ceste mesme raison, ie ne serois point d'avis qu'aux places marescageuses on y fist autre contrescarpe, ny plus haute, que pour couvrir les harquebuziers seulement, pourveu encore qu'il y eust des chemins & ponts bien asseurez pour se retirer.

Pour le regard des contrescarpes de roc, ou de muraille, ie serois d'avis qu'en certains endroicts elles fussent talluées & faictes en glacis aisé pour se couler dans le fossé, & difficiles pour remonter, tant pour donner retraicte asseurée à ceux qui gardent le dehors, que pour faciliter l'entrée à un secours, qui autrement pourroit estre défait sur le bord du fossé.

Finalement, il se peut faire un petit fossé de dix ou douze pieds de large, devant le couridor, pour empescher l'ennemy de recognoistre le grand fossé, & tenir durant la nuict en seureté les Soldats qui gardent la contrescarpe : pourveu que ce fossé soit deuëment & d'assez prés defendu du corps de la forteresse. Autrement conviendroit seulement faire une seconde & double contrescarpe, & icelle garder par le moyen de quelques pallissades qui se pourroient ranger en lignes paralleles de la mesme seconde contrescarpe, distantes d'icelle (en tirant vers le fossé) environ huict ou dix pieds, & couvertes du costé de l'ennemy par la hauteur d'icelle : Car alors ces pallissades ne pouvans estre facilement battuës, empescheroient à tout coup l'assaillant de venir aux mains avec les assaillis gardans le dehors, qui est une des principales choses que tous les assaillis doivent éviter.

Les pieces inventées par feu Messire Robert de la Marck, qu'on appelle pieces de fermeture de camp, sont fort propres à telles choses : car outre qu'elles sont portatives, elles donnent aussi ceste incommodité à l'assaillant, que de quelque façon qu'on les puisse tourner, elles sont tousiours offensives par leurs poinctes de fer, ou acier, dequoy un chacun baston est garny par les deux bouts, comme la figure le démonstre; & outre sont aysées & faciles à démonter, pour estre transportées és lieux plus dangereux; selon que la necessité le requiert. Telles choses se pourront voir és Villes & Chasteau de Sedan & Iamets, où elles ont esté souvent pratiquées; comme aussi en Hollande, & autres endroits.

Il y a encore une autre façon de pallissades, ou pieces de camp, qui ne sont offensives que d'un costé, mais se peuvent hausser & abaisser à discretion : C'est pourquoy ie les trouve plus propres à cest effect que les autres, à cause que de iour on en peut oster la veuë aux ennemis, & la nuict se peuvent en un instant hausser pour servir promptement d'un obstacle & empeschement aux assaillans contre les assaillans, afin de ne venir aux mains sur la premiere contrescarpe. Et si de iour il se faisoit quelque effort, ceux qui sont en icelle premiere peuvent par le moyen de cordages, hausser & abaisser lesdites pieces, ainsi que la figure le monstre plus amplement.

Premier Liure

DE L'ART D'ASSAILLIR.

CHAPITRE X.

IL sera bon de descrire sommairement les maximes principales de l'Art d'assaillir, afin que cy-apres au traicté de la Fortification des places, on ne mette en doute ce qui aura vne fois esté accordé, & que les conclusiõs en soient tirées necessairement.

Soit donc pour la premiere, tenu pour constant, quand le front des assaillans est égal, ou plus grand que celuy des defendans, que ceux-cy doiuent estre emportez & vaincus de ceux-là.

Qu'en vne bréche faicte en vn angle & extremité de place, l'entrée est égale en estenduë, ou plus grande pour les assaillans, que pour les assaillis, à cause que ce qui enferme est plus grand que ce qui est enfermé.

Qu'vne bréche faicte au milieu d'vne ligne droicte, est plus difficile à forcer, que sur vn angle, à cause que la forme ne pouuant estre que courbe, rend plus d'estenduë aux assaillis, qui en tiennent l'arc, qu'aux assaillans qui n'en ont que la corde.

Qu'en vn angle retiré la bréche est plus difficile à forcer, qu'en vn angle saillant, ou au milieu d'vne ligne droicte, pour les mesmes raisons.

Que les tranchées des assaillans ne doiuent commencer plus prés de la place, que de la portée de l'arquebuze, ou du mousquet exclusiuement, à cause de l'offension continuelle de l'arquebuzerie, plus dommageable que l'artillerie, laquelle ne se meine point si facilement.

Que les tranchées doiuent estre conduites en sorte, que de quelque endroict que ce soit de la place assiegée, on ne puisse tirer dedans de long, pour les enfiler par aucun coup de traict.

Que les tranchées sont plus ayséement conduictes, & en moins de temps, vers les extremitez de la place, qu'au milieu d'vne ligne droicte, ou dans vn angle retiré, à cause que vers les extremitez elles se peuuent tirer & mener droictes au lieu desiré, sans estre venuës ny endommagées de long; ce qui ne se peut faire aux autres lieux sans plusieurs tours & détours.

Et est à noter qu'il vaut mieux ne faire qu'vn peu de tranchées qui soient bien larges & bien aysées pour les entrées & sorties, que de beaucoup trancher & labourer la terre, craignant que la superfluité n'apporte de la confusion: principalement sur le point d'vne sortie, où on ne se peut pas ayséement recognoistre, estans separez en plusieurs & diuers lieux. Le guerres passées nous ont faict assez cognoistre quelle longueur & peril ce vain trauail apporte.

Qu'vne grande partie de l'Artillerie des assaillans doit estre placée en mesme temps qu'on commence les tranchées d'approche; en sorte qu'elle puisse démonter les pieces de dedans, ruyner, ou du moins incommoder les lieux plus éminents & aduantageux de la place, pour sauorizer les approches.

Que le lieu ou sera placée ceste premiere Artillerie, doit estre par Nature, ou par Art, aucunement éleué; afin que les batteries n'incommodent les tranchées d'approche qui seront au deuant.

Que

de Fortification.

Que les entrées qu'on fera pour gaigner le fossé, doiuent répondre aux extremitez des angles du corps de la place, & non aux extremitez du fossé; principalement és places qui sont faictes en angles saillans & r'entrans (qui seront dictes cy-apres, Tenailles:) Car en ceste premiere sorte d'entrée, l'angle n'estans capable pour y loger l'Artillerie, & estant comme inutile & abandonné, à cause de l'épesseur de sa muraille, parapet, ou rampart, il sert de couuerture à l'entrée que l'assaillant faict au fossé, comme E D : Et en la seconde sorte, les entrées (comme entre M N) peuuent estre veuës d'vn costé, & embouchées de l'autre : mais de loing (comme de ο, φ, qui est vne offension combien que peu asseurée) plus difficile neantmoins à empescher que de bien prés : parce que les assaillis ayans assez d'espasse pour placer leur Artillerie, se sentans aucunemēt esloignez des batteries, peuuent hazardensement entreprendre de tirer quelques coups, qui ne font pas peu d'execution, dans vne tranchée ou trauersée au fond d'vn fossé, couuerte de planches, manuelets, clayes, & autres choses propres, seulement pour se defendre des artifices jettez d'en-haut. Et quand mesme de cinquante coups, vn seul adresseroit directement ; (ou par bricolles, si le lieu le donnoit) il seroit plus de ruyne & rauage qu'on n'en pourroit restablir en vn iour, comme sçauent assez ceux qui sont employez en telles charges.

Cecy s'en-tend de ses-te partie seulement, qui est occu-pée à l'ex-tremité par l'espesseur tant de la muraille, qui dura rampart, & non de tout l'espace que les lig-nes qui sont l'angle peu-uent com-prendre.

Ie ne parleray point de la defense des tranchées, ny des corps de garde necessaires, d'autant que cela fait peu à nostre propos, & appartient à l'Art de Fortification.

Toutes lesquelles maximes neantmoins se doiuent entendre, si l'impuissance tant de la place que des assiegez, ou la trop grande force & puissance des assaillans ne conuie de faire autrement, pour gaigner le temps, ou quelque autre aduantage. Comme pour exemple, quand les assaillans, apres auoir commencé leurs approches, veulent promptement empescher les sorties aux assie-gez, (principalement aux places qui ont les fossez secs) & que l'obseruation deuant dicte apporte-roit beaucoup de longueur, ou quelque peril : Alors, si l'Artillerie est disposée en sorte qu'el-le ruyne le lieu à l'endroict duquel on veut aborder, ou le rendre inutile, tellement que les assie-gez ne s'y puissent presenter, ny moins y placer quelques pieces : Il sera bon tirer promptement la tranchée vers le lieu ruyné, pour gaigner la contrescarpe, & commander dans le fossé, soit secs ou plein d'eau, & qu'auec loisir & seureté on puisse trauailler aux autres tranchées & batterie, necessaires, pourueu neantmoins que le front de la tranchée soit tellement haussé & couuert, que les assaillis ne puissent par hazard découurir & tirer le long d'icelle : Car en ce cas seroit be-soin de plusieurs trauerses, comme la figure le monstre : en laquelle les batteries X, Y, Z, sont placées, en sorte qu'elles ruynent le lieu L, à l'endroict duquel on desire approcher, & y condui-re la tranchée B : Tellement qu'au lieu de continuer la longueur des tranchées B C, & C D, il ne sera besoin de passer E, d'où sera menée la tranchée de front E D.

Trauerses.

Pareillement s'il y a quelque en droict de la place assiegée, qui soit plus bas que l'assiette des tranchées, & qui se puisse promptement hausser & reparer, ou que la mesme assiette soit plus basse que la place, comme en pente, lors il n'y aura point d'inconuenient d'y mener vne ou plu-sieurs tranchées de front, jusques sur la contrescarpe, (s'il est necessaire) comme il est remarqué en P F, O S : & n'importera pas beaucoup à vn assaillant accord, s'il est veu du sommet des maisons, ou d'vn lieu qui ne se peut promptement remparer, à cause que l'offense qui en vient ne peut estre que de l'arquebuze ou mousquet, contre lesquels il est facile de se crouurir, tant a-uec manteles, qu'autres instruments portatifs, qui se font pour cét effect.

Ce dernier discours soit faict pour la defence de ceux qui par mauuaises assiettes & incommo-ditez des lieux, ou autres accidents, sont contraints à toute occasion inuenter & faire choses qui semblent estre contre les preceptes de l'Art.

D   DES

Premier liure.

DES QVALITEZ REQVISES A VN INGENIEVR, QVI VEVT FORTIFIER ET DEFENDRE VNE PLACE.

CHAPITRE XI.

'Avtant que de la suffisance & iugement de l'Ingenieur, dépend tout le desseing de la forteresse, & que les Roys, Princes & grands Seigneurs, doiuent bien & exactement examiner les raisons, pour lesquelles est faicte la fortification de ceste sorte, ou de l'autre ; Il est bien necessaire aussi que l'Ingenieur sçache dessigner, pourtraire, & bien leuer exactement vn plan, afin que sur iceluy il discoure à propos de toutes les parties de sa Science, en sorte qu'il puisse par demonstrations Geometriques (& non mechaniques, à la façon des ignorants) faire cognoistre ce qu'il aura conceu pour l'accomplissement de son desseing, lequel se doit tousiours rapporter à l'intention du Prince, qui veut fortifier selon ses moyens, selon le temps, & selon la puissance & force de son ennemy ; comme il a esté dit en la maxime sur la fin du troisième chapitre.

Intention du Prince qui veut fortifier vne place.

Et pourtant, il est premierement de besoin qu'il cognoisse suffisamment la force de l'Artillerie, tant selon le nombre des pieces & disposition des batteries, que selon le calibre & valeur de la poudre ; afin qu'il se puisse ayder de ceste cognoissance ; tant en la construction de la place, qu'en la defense d'icelle, & s'opposer à ce foudre par les moyens qu'il cherchera.

Qu'il soit Soldat, ayant veu sieges tant offensifs que deffensifs ; c'est à dire, qu'il ayt esté deuant plusieurs villes assiegées, afin qu'il sçache faire les retranchements necessaires au logement d'vne armée, disposer & placer les batteries, tracer forts & redoutes, & conduire les tranchées d'approches ; Et dedans plusieurs autres, estant assiegez, pour sçauoir que c'est de la force & de la vigilance d'vn homme en vne place assiegée, desquelles consiste vne partie de la defense d'icelle.

Qu'il sçache aucunement commander auec discretion des personnes, afin que mal à propos il ne face point faire à l'vn ce qui est propre à l'autre, & qu'il éuite toute sorte de confusion, lors qu'il sera besoin vser de son Art, en la defense de la place.

Qu'il soit cogneu des Soldats afin d'auoir creance parmy eux, & d'estre mieux seruy au trauail qu'il aura à faire.

Qu'il soit Geometre, tant pour inuenter machines, qu'autres instruments seruans à la defense de la place, & au trauail necessaire, que pour demonstrer l'vtilité & profit de ses inuentions, auant que les mettre en pratique, & proportionner l'ouurage à faire, au temps & aux moyens presens, & par ainsi éuiter les despenses excessiues, qui se font le plus souuent mal à propos, faute d'entendre ceste belle Science de Geometrie. Sur tout, lors qu'il sera assiegé, qu'il pense & cherche les moyens de soulager ceux qui trauailleront : car il n'y a chose plus insupportable que le sommeil prouenant du trop grand trauail (comme l'experience l'a assez faict cognoistre.) Et pour ce faire, qu'il aduise outre l'ordre qu'il peut mettre entre les trauaillans, à faire seruir les choses qui semblent estre inutiles, & les approprier chacune selon le temps & le lieu conuenable, comme cheuaux, boeufs & asnes, qui sont le plus souuent sans faire aucun seruice.

Sommeil prouenant de trop grand trauail, est insupportable.

Qu'il

de Fortification.

Qu'il cognoisse quelque chose de l'Architecture commune, & de la massonnerie, afin qu'il puisse asseurer les fondemens d'vne fortification, & auiser aux materiaux propres pour la construction, selon les hauteurs, épesseurs & talus conuenables.

L'aduertissant neantmoins, qu'il est bon de hanter les Grands, afin que cognoissant combien la multitude de tant & diuers affaires les rend impatiens d'entendre ce que le plus souuent leur est tres-necessaire de cognoistre pour leur propre seruice, il s'estudie à discourir briesuement & intelligiblement : mesme qu'il ait employé quelque temps auparauant à monstrer les plus beaux traicts de sa Science à son Seigneur & maistre : afin de luy en donner du contentement, quand il sera temps, & qu'il le trouue mieux preparé à entendre ses raisons.

Qu'il ne consente iamais à vn mauuais dessein, car l'honneur qui en peut prouenir, n'est point grand, & le des honneur est vn monstre.

Qu'ils s'estudie plustost à enseigner que contester contre vn ignorant : car il est à craindre à vn homme ayant de la Science, de rencontrer vn ignorant qui a du credit, pour plusieurs raisons que chacun sçait.

COMMENT SE DOIVENT LEVER LES PLANS DES PLACES,
POVR ESTRE RAPPORTEZ ET REDVICTS AV PETIT PIED.

CHAPITRE. XII.

ON ne peut pas bien ny facilement discourir des places à fortifier, que premierement leurs Angles, tant exterieurs que interieurs, ne soient cognus, & le plan d'icelles reduits au petit pied. Cecy se pourroit traitter au troisiéme Liure, qui est faict pour les places irregulieres ; Mais d'autant qu'il est icy question des qualitez requises à vn Ingenieur, i'ay pensé qu'il seroit plus à propos en cét endroict de l'informer de ce qui luy est necessaire pour venir à l'effect de sa science. *L'angle exterieur est celuy qui se monstre par dehors, & l'interieur par dedans.*

Il doit donc faire prouision de bons instrumens, & bien iustes, soit selon l'inuention d'autruy, ou selon la sienne, afin d'operer facilement, & venir à bout de son dessein. Ie mets cestuy en auant, qui me semble tres-facile à cét effect, sans neantmoins vouloir astraindre aucun à cette seule forme.

Soit preparé vn demy cercle, de grandeur conuenable, & de matiere dure & solide, pour y grauer les diuisions & marques égales, qui seront en nombre de cent quatre-vingts, (nommées degrez par les Astronomes) & que les chiffres soient aussi marquez commençant de droicte à gauche, & apres au rebours de gauche à droicte (afin de distinguer les angles exterieurs d'auec les interieurs.) Le diametre ou la corde de cét instrument soit ce qui est cotté pour baze, à chacun bout de laquelle sera vne Pinule. Apres soit vne lidade tournant sur le centre dudit demy cercle, ayant aussi à chacun bout vne Pinule : & soit ceste lidade faicte en sorte que monstrant le degré sur lequel elle sera arrestée, elle puisse aussi enseigner le nombre des degrez que l'angle cerché comprendra ;

D ij estant

Premier Liure de Fortification.

Le ſercle ſeul meſurer des Angles. eſtant le Cercle ſeul meſureur de tous angles. Finalement ſoit au milieu de l'inſtrument vn Buſſole auec ſon Aiguille bien aymantée, pour par icelle trouuer les lignes paralleles que la ſeule veuë ne peut diſcerner : à l'entour duquel Buſſole ſeront tracez trois cents ſoixante degrez, qui ſeruiront à la cognoiſſance des angles denotez par icelle Aiguille.

La pratique de cét inſtrument eſt telle.

Soit vne place propoſée comme E, de laquelle faut leuer le plan, & le reduire au petit pied, ſelon la meſure propoſée N Δ.

Premierement faut appliquer la baze de l'inſtrument ſelon la ligne A B, comme E D, & en ſorte que le centre de l'inſtrument ſoit à l'angle A: apres faut mouuoir la lidade, en ſorte qu'elle ſoit ſelon la ligne A G, comme C F: Ce faict faut compter les degrez du demy cercle entre C & E; car l'angle cerché contiendra autant de degrez, eſtant l'angle C A E égal à l'angle D A F. Ainſi donc cét angle eſtant rapporté au point *a* du petit deſſeing φ, ne reſtera ſinon d'auoir l'eſtenduë des coſtez A B, A G, leſquels poſez eſtre, ſçauoir A B de cent quatre-vingts toizes, & A G de deux cents vingt-cinq toizes, il ſera facile d'eſtendre la ligne *a i* juſques à cent quatre-vingts meſures de celles dont N Δ en contient cinq cents, & l'autre *a b* à deux cents vingt-cinq des meſmes meſures. Cecy eſt general & vniuerſel pour tous autres angles interieurs.

Si vn autre angle exterieur, comme A G, doit eſtre rapporté au meſme petit pied, ſoit la baze K L miſe au long, & ſelon la ligne A G, & la lidade I G tendante au point H, il eſt certain que l'angle A G H comprendra autant de degrez qu'on en trouuera entre I & L: Tellement que s'il eſt mis (auec la raiſon des coſtez qui comprennent ledit angle) au point *b*, il ſera le triangle *a b c* équiangle & proportionnel au grand A G H, *par la propoſition cinquième du d'Euclide.* Que ſi la rotondité entre G & M empeſche de bien & exactement prendre ledit angle, faut reduire (ſi le lieu le permet) le circuit en lignes droictes, comme A H R N V: Ainſi l'angle A H N, eſtant auec la raiſon de ſes coſtez mis au point *e*, on trouuera les angles *a e b*, & *b e d*, eſtre égaux aux angles A H G, & G H N. Et par ainſi, ſi la diſtance entre G & M eſt cognuë, il ſera facile de la reduire au petit pied entre *b* & *d*, & par conſequent la rotondité entre ces deux poincts.

D'auantage, s'il faut proceder à la recherche des angles des poincts v y & β, & que commodément on puiſſe trauerſer la ligne v β, il eſt éuident que le rapportant au petit pied, comme *e f*, auec la raiſon de ſa longueur, on trouuera facilement vn angle égal à Y.

Pour le regard de la circonference caue β ι λ, la meſme facilité ſe trouuera pour la rapporter au petit pied, en imaginant la ligne droicte β λ: car l'angle v β λ, ſe pourra rapporter au point *f*, & la circonference caue entre *f* & *g*, auec la raiſon de la perpendiculaire.

Finalement, il ſe trouue quelquesfois pluſieurs angles, tant exterieurs, qu'interieurs, qui ſeroient par trop penibles d'eſtre rapportez en petit, les vns apres les autres: & pourtant ſoit la ligne Λ I, continuée juſques au point 3, en ſorte que de ce point on puiſſe découurir au long d'vne meſme ligne les angles 10, & B, rapportez auec la raiſon des coſtez au point *h*. Il eſt éuident qu'entre *h* & *i*, ſe trouueront les angles tant exterieurs, qu'interieurs, égaux aux precedents les vns aux autres. Que s'il ſe trouue quelque difficulté de rapporter ainſi les angles, par le moyen de la baze de l'inſtrument, & de la lidade, il faudra auoir recours au recipiangle icy tracé, lequel apliqué au centre, aura l'vn de ſes coſtez ſur la ligne de la baze, & l'autre au degré remarqué, pour apres eſtre tranſpoſé en la ſuperficie plane, ſur laquelle ſe fera le deſſeing au petit pied.

Ie n'ay icy fait mention du Buſſole, parce que l'incertitude du mouuement de l'aiguille fait le plus ſouuent tomber en grands erreurs: il eſt ſeulement reſerué pour la neceſſité, quand les raiz de la veuë ſont empeſchez par quelque obſtacle qui ne ſe peut oſter. Cecy ſera donc remis au jugement des bons eſprits.

Il y a encore pluſieurs autres ſortes de leuer les plans, & les rapporter au petit pied; mais il me ſuffit d'auoir monſtré celle-cy, afin de ne rien obmettre de ce qui eſt neceſſaire à vn Ingenieur, qui par le long & continuel exercice de ceſte pratique, y pourra adjouſter ou diminuer, ſelon qu'il jugera eſtre expedient.

FIN DV PREMIER LIVRE.

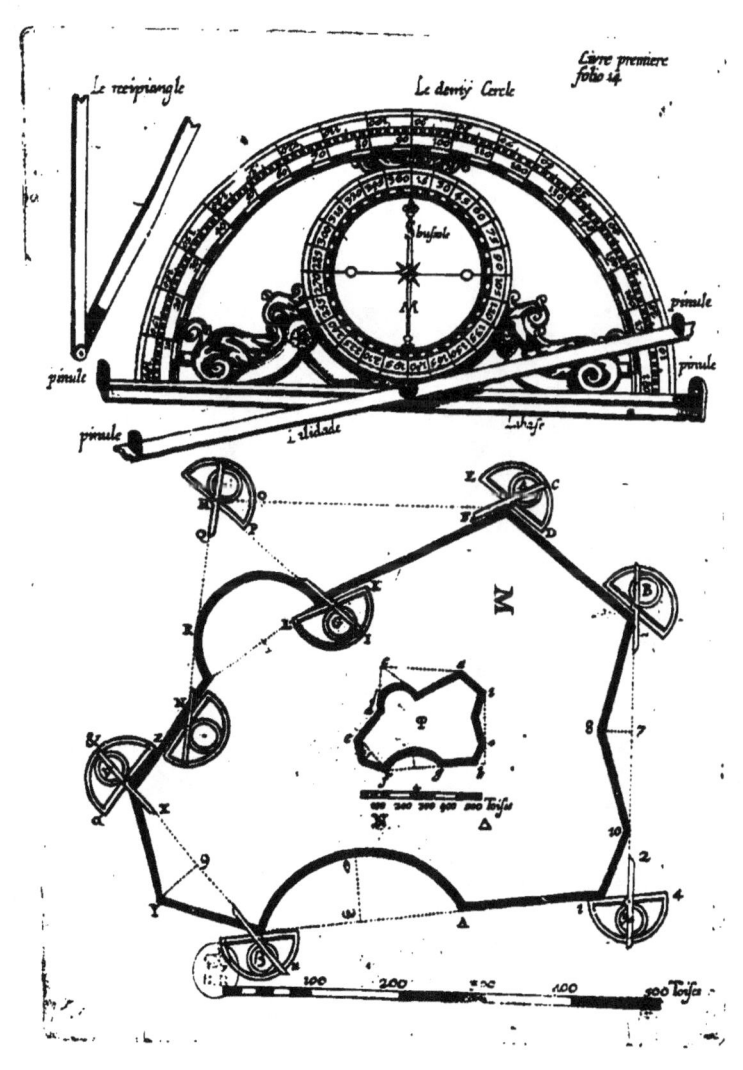

LE
SECOND LIVRE
DE LA FORTIFICATION
DEMONTREE ET RE-
DVICTE EN ART

PAR FEV I. ERRARD, DE BAR-LE-DVC, INGENIEVR
ORDINAIRE DV ROY.

AVQVEL EST TRAICTE TANT DE LA CONSTRVCTION
que Demonstration des Figures Regulieres ; Auec vne Table Methodique, qui
enseigne & faict voir le projet de tout ce Liure.

Reueu, Corrigé & Augmenté par A. Errard, son Nepueu, aussi Ingenieur
Ordinaire du Roy; suiuant les memoires laissez par l'Autheur.

A PARIS,

M. DC. XIX.

A MONSEIGNEVR MAXIMI-
LIAN DE BETHVNE, CHEVALIER,
MARQVIS DE ROSNY, GRAND
MAISTRE DE L'ARTILLERIE, ET SVRINTEN-
dant des Fortification de France, &c.

MONSEIGNEVR,

Ne pouuant recognoistre par aucun effect les bien-faicts, dont il vous a pleu m'obliger, il faut que ie confesse au moins par paroles mon insufsisance & foiblesse à ceste recognoissance, de peur que je ne soye accusé de les mescognoistre par mon silence : aussi vostre qualité ne desire, & la mienne ne me permet de faire autre recognoissance ou satisfaction. Mais puis que ma langue mesme, ny ma plume ne peut exprimer ce que ie veux, au moins ma memoire me representera tousiours ce que ie dois: Et si ie ne puis faire paroistre sur le papier les remerciemens que vous meritez Monseigneur : certes le desir de les tesmoigner par mon fidele seruice aiguillonnera sans cesse mon cœur. Cependant ie vous offre vne partie de cet escrit, qui n'eust peu voir le iour, si les rayons de la liberalité Royale que vostre faueur & intercession m'a daigné ouurir, ne luy eussent esclairé en ses tenebres.

Que si, à raison de cet offre, vous me quittez de quelque partie des obligations que ie vous ay : tant s'en faut que ie les en estime diminuées, qu'au contraire ie les trouue accreuës en ce que parmy tant d'autres faueurs, vous m'auez donné moyen d'en recognoistre quelqu'vne : Tellement que me sentant de plus en plus insoluable, i'appelle à mon secours tous ceux qui liront cet escrit (les aduertissant de vous tenir pour autheur de sa publication) de receuoir comme de vostre main les fruicts quils en recueilleront, & de joindre leurs prieres aux miennes que je fay à Dieu, à ce qu'il luy plaise.

MONSEIGNEVR,

Vous maintenir en sa protection, & vous accroistre ses graces.

Vostre tres-humble & affectionné seruiteur,

I. ERRARD.

SOMMAIRE DES FORTIFICATIONS,
SELON LA DOCTRINE DE CE LIVRE.

Les places que l'on propose pour fortifier, peuuent estre rendües

- **Regulieres**
  - **En tout, & icelles**
    - Incapables des maximes qui doiuent rendre vne place accomplie, à sçauoir
      - Triangle,
      - Quarré,
      - Pentagone.
    - Capables des maximes suiuantes, qui sont,
      1. La ligne du Flanc, de seize thoises au moins.
      2. La ligne de deffence entre 100. & 120. thoises.
      3. L'angle du Boulleuard droict.
      4. La Gorge non moindre de trente-deux thoises.
      5. La Courtine garnie de deux flancs.
      6. Le pand du Bastion non moindre de 40. thoises.

      Or ces figures sont
      - Hexagone,
      - Heptagone,
      - Octogone, &c.
  - **En partie, laquelle nous considerons comme**
    - Simple, comme quand deux Boulleuards, ou demy Boulleuards opposés flanquent vne seule Courtine, en sorte que la deffence n'excede la portée du Mousquet, & que le tout soit semblable à la sixiéme d'vn Hexagone, ou à la septiéme d'vn Heptagone, ou la huictiéme d'vn Octogone, &c.
    - Composée, quand outre les deux Boulleuards qui sont aux extremitez de la lõgueur à fortifier, on en auance vn, ou deux, ou trois, &c. dans le milieu; & que le tout ensemble faict les deux sixiémes, ou les trois sixiémes, ou les quatre sixiémes parties de l'Hexagone, &c. ou bien les deux septiémes, trois septiémes, ou quatre septiémes parties, &c. de l'Heptagone : ou bien les deux huictiémes, ou les trois huictiémes, ou les quatre huictiémes parties, &c. de l'Octogone, & ainsi consecutiuement.

- **Irregulieres lesquelles sont de rechef cõsiderées, comme**
  - Simples, comme quand vne longeur qui se trouue dedans les bornes conuenables à est re proportionnées a la portée du Mousquet, est tellement fortifiée par deux Boulleuards, ou demy Boulleuards situez aux extremitez, que toutes les maximes requises à vne bonne Fortification y sont obseruées, encores que ceste Fortification ne face de soy exactement aucune portion d'Hexagone, Heptagone, Octogone, &c. regulier:
  - Composée, comme quand outre les deux Boulleuards des extremitez, il est necessaire d'auancer vn, deux, trois, quatre, &c. Boulevards, tellement : que toutes les maximes de la Fortification y soient obseruées ; mais que le total ne face aucune portion, ou portion precise d'aucune figure reguliere, comme d'Hexagone, Heptagone, Octogone, &c.

16

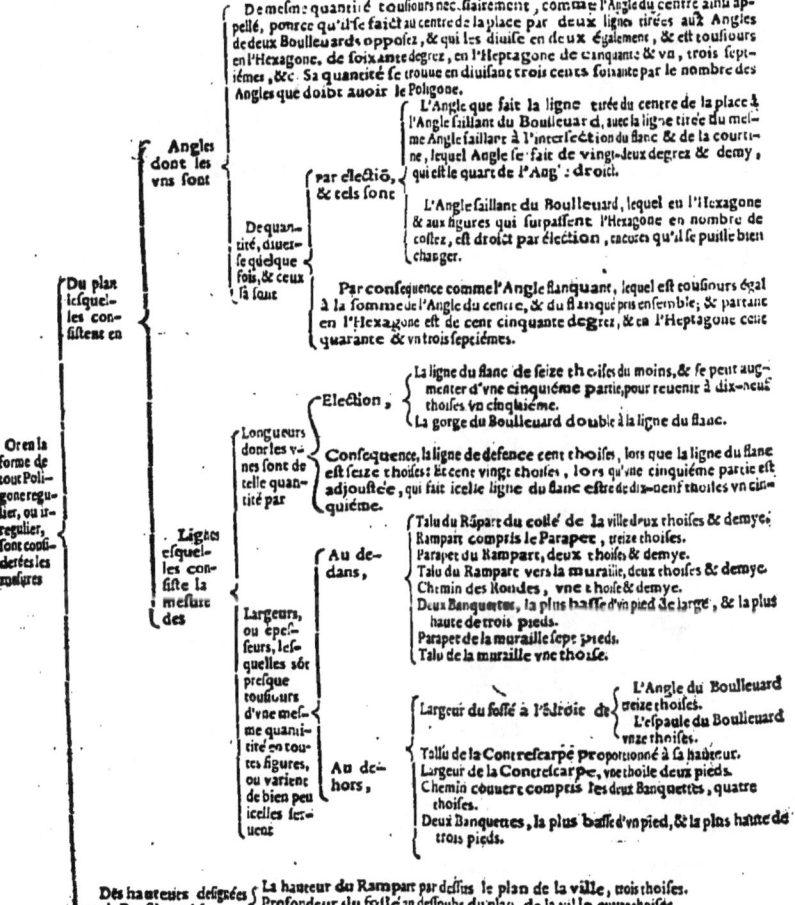

Second Liure

DE LA DEFINITION ET PARTIES ESSENTIEL-LES DE L'ART DE FOR-TIFICATION.

CHAPITRE PREMIER.

'A R T de Fortification ne confifte en autre chofe, qu'à cliner ou decliner les lignes fur lefquelles font jettez les fondemens du contour & circuit d'vne place, en forte que l'ennemy l'attaquant en quelque forte que ce foit, puiffe eftre veu & offencé & au front, & au flanc : Cefte forte d'offenfion s'appelle flanquer.

Cefte inclination de lignes ne fe peut faire fans Angles, faillans & rentrans, dont celuy qui femble fortir de la place, & qui l'agrandit en s'efloignant plus du centre d'icelle, comme la pointe d'vn Baftion, s'appelle Angle interieur, ou faillant, (parce qu'il fe mefure par dedans) ou bien Angle flanqué, parce que fa defence dépend d'vn autre.

Angle interieur ou flanqué.

Angle exterieur ou flanquant.

Et celuy qui entre dans la place, & femble l'amoindrir, s'appelle Angle exterieur, ou rentrant; d'autant qu'il fe doit mefurer par dehors, & s'appelle auffi Angle flanquant ; d'autant que de luy dépend la defence de l'autre.

Tant plus l'Angle flanqué eft ouuert, tant meilleur il eft, pourueu que ce foit à proportion des autres parties; non à caufe qu'il approche plus du cercle, (car il n'y a point de comparaifon du cercle à l'Angle) Mais à caufe qu'il fournit plus de corps, & par confequent plus ferme & ftable, & moins fujet à démolition, comme il fera monftré cy-apres.

Tant plus l'Angle flanquant eft ferré, tant meilleur eft-il ; à caufe que l'vne des lignes de celles qui comprennent l'Angle, flanque & feconde mieux l'autre par toute raifon.

Des chofes deuant dictes on peut facilement recueillir, Que les principales parties & effentielles de l'Art de Fortification font les quatre fuiuantes.

Angle droict ou à l'efquair meilleur que l'aigu.

La premiere, que l'Angle flanqué doit pour le moins eftre droict : parce que les premieres batteries qu'on faict pour ébranler vne muraille, & ruyner vn corps, fe font à la mire & Angles droicts : & par ainfi toute l'épeffeur du corps battu eft toufiours oppofée à la batterie, & par confequent fubfifte plus long temps que l'aigu.

La fecon-

de Fortification.

La seconde, que le corps destiné pour defendre l'Angle flanqué (que nous appellons Flanc, ou Espaule) doit estre d'espesseur suffisante, pour resister & n'estre point ruyné ny destruict de la violence de la batterie de l'assaillant, en quelque façon qu'on le puisse attaquer : comme aussi pour loger tant les gens de guerre, que pieces necessaires à la deffence de la place.

La troisiéme, que la longueur & distance des lignes de deffences, ne doit exceder cent ou cent vingt thoises : parce que c'est la vraye & iuste portée de l'Arquebuze, ou du Mousquet, qui sont machines plus portatiues, aisées & promptes à la defence de l'Angle flanqué, que les pieces d'Artilleries qui ne peuuent faire leur effect qu'auec beaucoup de longueur de temps, & incommoditez, comme chacun sçait.

La quatriéme, que toute face & front de forteresse doit auoir deux Angles flanquans, afin que de l'vn on descouure dans l'autre : ce qui ne se pourroit faire en vn Angle simple, à cause de l'espesseur du Parapet.

Ces deux Angles sont appellez flanquans accidentellement, comme les deux autres qu'ils engendrent seront aussi appellez flanquez accidentellement.

De ceux-là se tireront les deffences qu'on appelle flancs.

De ceux-cy se feront les couuertures des flancs, qu'on appelle espaules.

Par ceste partie se trouue la mesure du corps flanquant. Ces choses sont relatiues. Flancs. Espaules.

Quelques Ingenieurs ne veulent receuoir la troisiéme partie essentielle, soustenans que la ligne de defense doit estre pour le moins de deux cents thoises, afin que l'assaillant n'ait sur l'assailly cet aduantage de tirer continuellement Harquebuzades & Mousquetades dans les flancs, & que sans Artillerie il les rende inutiles : joinct aussi que telle distance fournit aux flancs vn plus grand espace, pour y loger & placer commodément plusieurs pieces d'Artilleries pour la defence du lieu attaqué. A quoy ie respond sommairement, que ie recois ceste ligne de defence de deux cents thoises aux places commandées & contraintes, pour les raisons qui seront décrites cy-apres au quatriéme Liure. Mais pour le regard des places non commandées, & en plaine rampagne, ie dy que la plus dangereuse façon d'attaquer est celle qui se fait pied à pied, contre laquelle l'Artillerie a peu de puissance : si on ne veut poser que pour empescher vn seul homme de trauerser le fossé, il faut tirer vn coup de Canon, ce qui est contre toute proportion receuë. Ie pourrois encore adiouster la trop grande depence du dessein, & de ce qui en dépend, qui est contre l'inuention du Prince, à laquelle intention (comme il a esté dict) l'Ingenieur se doit conformer : Consideré aussi qu'en quelque façon que l'on puisse construire vne forteresse, l'assaillant a tousiours auec l'assailly auantage égal, si l'assiette de la forteresse & le naturel du lieu ne luy oste.

Mais cecy auec la quatriéme partie essentielle sera plus amplement discouru en vn traicté particulier des defences contre le Turc.

Nous commencerons donc les demonstrations de ces choses par les figures regulieres, auec leurs Constructions, qui sont celles desquelles les costez & Angles son égaux ensemble, & tombent sous vn cercle ; prenant pour subject la superficie plaine : reseruant de traicter au troisiéme & quatriéme Liure les figures irregulieres, & autres situées en diuerses matieres.

E ij   DE

Second Livre

DE LA CONSTRVCTION
DE L'HEXAGONE.

CHAPITRE II.

SOIT proposé à fortifier vn Hexagone, d'autant que l'Hexagone se diuise en six triangles équilateraux. Soit sur A B descrit le triangle équilateral A B C, puis soit faict l'Angle C A D de quarante-cinq degrez: Soit faicte la ligne A E égale à la ligne B D, en apres soit tirée B E. Soit diuisé l'Angle E A D en deux également par la ligne A G, & soit prise D F égale à E G, & tirée la Courtine G F: comme aussi F H perpendiculaire sur la ligne B E. Soit prise A I égale à B H, & soit tirée la ligne G I perpendiculairement comme F H. Ainsi seront descrits les deux demy Bastions A I G, & F H B. Et pour plus facile intelligence, i'ay tracé à la figure les deux Bastions entiers M N A I G, & F H B L K, afin de faire cognoistre la gorge du Bastion M G, & F K.

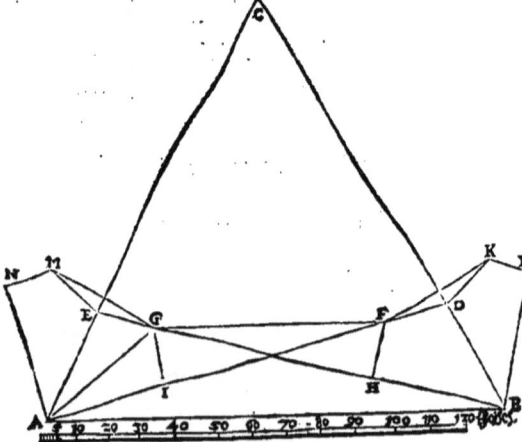

Et d'autant que la ligne du flanc G I, ou F H, doit pour le moins auoir seize thoises, nous ferons l'eschelle selō ceste quantité, & trouuerons toutes les mesures des lignes de la Fortification sur icelle proportionnée selon la portée de l'Harquebuze.

Que si nous donnons neuf thoises vn cinquième à la ligne du flanc, nous aurons les mesures proportionnées, en sorte que la ligne de defence A F aura cent vingt thoises, qui est la portée du Mousquet.

DE LA

de Fortification.

DE LA DEMONSTRATION DE L'HEXAGONE.

CHAPITRE III.

'HEXAGONE a l'Angle du Centre de soixante degrez, & est la premiere Figure Reguliere, qui peut estre commodément fortifiée. Comme soit le costé de l'Hexagone B C, & soit faict l'Angle G B E de quarante-cinq degrez d'ouuerture, afin d'auoir l'Angle G B N droict. Soient tirées les lignes droictes C K E, & B G L égales. Il est éuident que l'Angle flanquant B D C, aura cent cinquante degrez d'ouuerture, *par la trente-deuxiéme proposition du premier Liure d'Euclide* (estans les Angles D B Y, & D C Y égaux, & chacun de quinze degrez:) Apres soit l'Angle G B E *Premiere partie essentielle.*
coupé en deux également, comme de la ligne B F, *par la neufiéme du premier d'Euclide.* Puis soit tiré le Cercle du Centre F, qui touche seulement les lignes B D, & B O, *par la quatriéme du quatriéme d'Euclide.* Soit aussi tirée la perpendiculaire F G. Il sera manifeste que G F D sera de soixante degrez (G D F estant de trente:) Car les trois Angles d'vn Triangle Rectiligne sont égaux à deux droicts, *par la trente deuxiéme du premier d'Euclide.*

Or G F est égale à F Z: le Triangle F G Z sera donc équilateral, & s'ensuiura que Z D sera égale à Z G, c'est à dire, à F Z:) Car l'Angle Z D G est de trente degrez, comme Z G D.

Soit donc posée F G de seize thoises, afin que ceste épesseur soit suffisante de resister à vne batterie de douze Canons, qui est la moindre que doit auoir vne Armée assaillante, (comme nous auons dict:) F D sera de trente-deux thoises, & G D d'enuiron vingt-sept trois quarts. Et soit menée l'autre perpendiculaire F H égale à F G, & continuée la ligne droicte G F vers O : Il est certain que F H, & H O estans égales, F O contiendra vingt-deux thoises deux tiers; & la toute G O (ou B G, que nous appellerons Pand) trente-huict thoises deux tiers, *Pand.* joints à G D, vingt-sept thoises trois quarts, feront ensemble soixante-six thoises vn tiers, & vn douziéme de thoises : Tellement que la toute B I (qui sra dicte ligne de defence) sera soixante-huict thoises & demye : & F I (qui s'appellera Courtine) de soixante & vne thoises *Ligne de defence.* deux tiers. *Courtine.*

Or comme F I est à I K, ainsi B D est à D Y, B C & F I estans paralleles, Il s'en-suiura donc de ceste proportion, que B D contenante soixante-six thoises vn tiers, D Y sera de seize thoises & enuiron deux tiers: Et par consequent B Y de soixante-quatre thoises vn quart ; & la toute B C de cent vingt-huict & demye: Ce qu'il falloit demonstrer. Tellement que ceste Fortification est accomplie, suiuant les quatre parties essentielles, décrites cy-deuant. Sçauoir que l'Angle flanqué G B N est droict: Les deux Angles flanquans G F I, & K I E, (qui sont ainsi tirez en Angles droicts, afin qu'vne seule batterie les puisse ayséement ruiner) se deffendent l'vn l'autre : Les lignes de deffence I B, & F C, n'excedent sent thoises : Les flancs F G, & K I, sont d'épesseur de seize thoises, (qui est vne épesseur suffisante pour resister à la violence de la batterie proportionnée à ceste place, comme il sera descrit cy-apres ; suiuant les

E iij

Second Liure

Corps flanquāt appellé Bastion.

uant les positions premises.) Et la gorge du Corps flanquant de trente-deux thoises ; & partant double au flanc pour resister à la batterie de deux costez. Ce Corps flanquant ainsi formé s'appellera Bastion.

Semble qu'il doiue estre ainsi appellé, comme estāt bastant, c'est à dire, suffisante de bien defendre.

Il resulte de ceste demonstration, que le Triangle, Quarré, & Pentagone (combien que ce soient Figures Regulieres) ne pourront pas estre fortifiez de mesme ; d'autant que quelques vnes des parties essentielles predites y manqueront tousiours : & pourtant nous remettons à en traitter au troisiéme Liure.

Pour le dedans de la place (les Ramparts estans de treize thoises, comme il a esté dict) sera bon d'en separer les logis par vne petite Ruë d'enuiron cinq thoises de largeur, qui sera suffisante (côme chacun sçait) pour mener Chars & Charrettes.

Par ainsi la ligne S P estant de soixante-huict thoises deux tiers, & T S V de septante-neuf thoises vn tiers, ou enuiron : restera pour le Triangle P T S V, deux mil sept cents vingt-trois thoises quarrées.

Vingt thoises & demye quarrées pour chacun logis. L'Hexagone capable de côtenir six cents habitās, & douze cēts Soldats.

Et pour-ce que par l'experience ordinaire nous cognoissons les Villes bien & commodément basties, quand les places & ruës sont grandes & spacieuses, & occupent enuiron le quart du contenu enclos entre les Ramparts : suiuant ceste proportion, il sera bon faire la place du milieu de trente-deux thoises de chacun costé, pour contenir enuiron quatre cents quarante-deux thoises: & la Ruë principale R S de cinq thoises & demye de largeur, pour contenir enuiron deux cents vingt-six thoises : adjoustez auec les quatre cents quarante-deux, font la quantité de six cents soixante-huict thoises : estans soustraits du contenu au Triangle, resteront deux mil cinquante cinq thoises pour les logis, & autres commoditez des Habitans : Et pour chacun vingt thoises & demye quarrées, qui est le moins de lieu qu'vn Habitant puisse posseder en vne place fermée, pour y loger (auec sa famille) deux Soldats : Par ainsi ceste sixiéme partie seruira pour cent Habitans, & deux cents Soldats : & toute la place entiere pour six cents Habitans, & douze cents Soldats.

Ie fay expressément la place du Marché en forme Hexagonale, côme son tout, & les Ruës en angles droits sur chacun pand & Courtines, pour estre plus cômode & aisé, tant à la rencontre des Ramparts, qu'à la structure des maisons des carrefours : & ainsi la place de Marché de la Figure suiuante, prendra la forme de son tour, pour les mesmes raisōs, si quelque commodité plus grande ne les faict changer, comme il sera dict plus amplement.

Saillies de maisons, & lieux couuerts, pour les Soldats en temps de pluye.

Ne faut obmettre en construisant les maisons du Marché, d'y faire des auances & saillies, soustenuës sur piliers, tant pour la commodité des Marchands, que pour mettre les gens de guerre à couuert en temps de pluye ou neige.

Magazim.

Les Magazins se pourront faire derriere les Courtines, pour estre mieux à couuert, moitié dans le Rampart, & moitié dans la Ruë, chacun de quatre thoises de largeur dans œuure, & de longueur selon la volonté du bastisseur, & de hauteur autant que l'éleuation des Ramparts ou Caualiers le permettra : & le tout en sorte qu'ils soient suffisans pour contenir toutes sortes de munitions, machines, engins, & autres choses necessaires pour la defence de la place.

Tellement

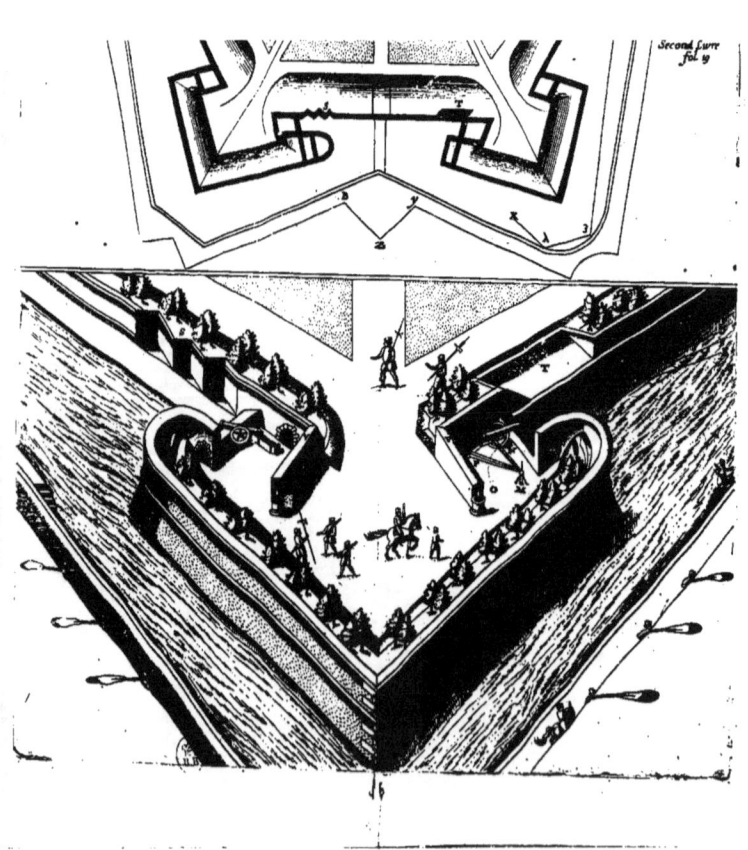

de Fortification.

Tellement que fuiuant ce qui eſt décrit au premier Liure, de la proportion des Aſſaillans & Aſſaillis, & de toutes les munitions, tant des vns que des autres ; ceſte place ſe peut defendre côtre vne Armée de douze mil hommes, & douze Canons.

Mais d'autant qu'il y a peu de commoditez pour les habitans, à cauſe de la petiteſſe du lieu, ie ſeroye d'auis de faire la meſure du Flanc de dix-neuf thoiſes vn cinquieſme, & par ce moyen la ligne de defence (ſelon le proc.. des demoſtrations deuant dictes) ſera de cent dix-huit thoiſes vn tiers, qui eſt ſeulement la portée du Mouſquet : La Courtine de ſeptante-quatre thoiſes : Le pand du Baſtion de quarante-ſix thoiſes vn tiers. La diſtance de l'vne des pointes de Baſtion à l'autre, de cent cinquante-quatre vn cinquieſme : La capacité de toute la place encloſe dans les Ramparts de ceſte ſixiéme partie ainſi demonſtrée, trois mil trois cents huictante-deux thoiſes, par la dix-neufiéme propoſition du ſixiéme Liure d'Euclide, qui dict, *Que les Figures rectilignes ſont ſemblables l'vne à l'autre, comme leurs coſtez en raiſon double*, qui ſera pour chacun habitant (les places & ruës deduites comme il a eſté dit) vingt-cinq thoiſes & demye. Et me ſemble que ceſte commodité doit eſtre facilement preferée à la ligne de defence : d'autant qu'vne place ne doit point eſtre degarnie de Mouſquets, non-plus que d'arquebuzes, ſelon la poſition décrit au premier chapitre de ce Liure.

Agrandiſſement de la place.

Et ſelon ceſte derniere deſcription, les Ramparts ſe pourront ſeparer de la muraille, pour laiſſer entre-deux le chemin des Rondes : Et meſme, s'il eſt beſoin, on pourra encor faire ſix Ruës ſur les Angles, afin que chacune réponde à vn Baſtion, pour y apporter le ſecours plus promptement en temps de ſiege, ou alarme : ce qui ne ſe pourroit commodément faire, ſi on ſe regloit ſuiuant la premiere meſure.

Chemin pour les Rondes.

Voila donc ce qui ſe peut demonſtrer Geometriquement, touchant les quatre partie eſſentielles de la Fortification, & dire en general de ceſte place, & de la proportion de ſon circuit, contenu, & du nombre de ſes deffendans, tant Habitans que Soldats. Et de cecy ſe pourra tirer, qu'vne place doit eſtre gardée à raiſon de deux cents Soldats pour chacun Baſtion, ſans comprendre les Habitans, comme ſera encor plus amplement demonſtré en la diſcription particuliere de chacune place Reguliere.

Vne place doit eſtre gardée à raiſon de deux cents Soldats pour chacun Baſtion.

Maintenant ſera bon de venir aux autres particularitez, qui ſeruent à l'acheuement de la Fortification.

Le Foſſé doit auoir pour le moins treize thoiſes de largeur par le fond, & trois ou quatre de profondeur (comme il a eſté dit) pour auoir ſuffiſamment terre à faire les Ramparts. Mais ſi le lieu n'eſt point beaucoup couuert de terre par deſſus l'eau, ou le roc ; on pourra commodément l'eſlargir, en prenant les terres neceſſaires pour le Rampart. Cela eſt ja enſeigné au premier Liure.

Largeur du Foſſé.

Et pour-ce qu'à l'endroit des pointes des Baſtions, l'aſſaillant taſche de trauerſer le Foſſé pour ſe loger pied à pied, ou faire ſes autres efforts, ainſi que l'art d'aſſaillir enſeigne ; Il ſeroit bon de donner en tels endroits la largeur de quinze ou ſeize thoiſes, & tourner la Contreſcarpe en rond, ou luy faire vn pand ou deux au deuant des pointes (comme ceſte ſeconde Figure le monſtre) pour ſeruir à l'effect qui ſera dit cy-apres. Ioinct auſſi que les longues pointes des Foſſez ſont inutiles aux aſſiegez, à cauſe que c'eſt contre l'art d'aſſaillir, d'entrer au Foſſé par endroits defendus, & veux de deux coſtez.

Le Foſſé plus large vers les pointes des Baſtions.

La Contreſcarpe eſtant ainſi tournée en rond, ou en pands, ſeruira à vn beſoin : comme quand les Flancs ſont leuez, & rendus inutiles, & l'aſſaillant vient à l'aſſaut ; alors de l'autre Flanc coſté ſe pourra tirer de quelques pieces contre le pand, ou demy rond de la Contreſcarpe, en ſorte que la bricolle ſe fera du coſté de la bréche, comme à K, non ſans effroy & eſtonnement des aſſaillans.

Contreſcarpe tournée en rond.

Bricolle.

Cela ſoit dit pour le regard des Contreſcarpes de roc, ou reueſtuës de bonnes matieres, ſemblables à celles que nous auons ſpecifiées au premier Liure.

Pluſieurs eſtimeront ceſte inuention inutile, tant à cauſe de l'incertitude de l'Art de ces bricolles, qu'elle eſt inuſitée : mais ie me rapporte à tous grands Capitaines, qui ont aſſiegé & pris places par aſſaut, combien de detourbier & de mal apporte vn coup tiré d'vn lieu inopiné (auquel on ne peut promptement remedier) parmy vne bonne trouppe de Capitaines & Soldats, qui monqui montent à vne bréche. Et me semble que ceste inuention ne sera pas peu profitable aux assiegez, quand de vingt coups, l'vn donnera & addrestera à point nommé. Vn bon & experimenté Cannonier, qui sçaura bien quels Angles se sont aux bricolles s'en sçaura bien ayder : & l'ay mis en auant, afin que l'Ingenieur en bastissant la forteresse, y entremesse tousiours quelque nouueauté incogneuë & inusitée, laquelle en defaut de defence naturelle, apportera peut estre plus d'incommodité aux assaillans, que les autres qui auront esté preueuës de longue main.

De ceste inuention dependent plusieurs autres, que ie laisse à cause de briefueté.

La forme des Contrescarpes. Le Corridor de la Contrescarpe sera de largeur de cinq ou six thoises, comme il a esté dit cy-deuant : la pointe duquel on pourra retrancher par vn Angle exterieur, ou par demy Lune, tant pour éuiter la depence, que la trop longue distance des defences.

Et à fin que le Corridor tire quelque defence de soy-mesme, & pour faciliter les sorties, il sera bon de le mener en pointe à l'endroit de la Courtine B Y, pour reseruer vne place couuerte, comme elle est cottée par Y Z B.

Montées du fossé au Corridor. Glacis. Les montées du fossé au Corridor se feront en la pointe de la Contrescarpe, vis-à-vis du milieu de la Courtine entre Y B, afin d'estre mieux couuertes & defenduës des deux Bouleuards & de la Courtine. Comme en semblable les glacis descrits sur la fin du chapitre neufiéme du premier Liure, se pourront faire de costé & d'autre de ces montées, pour les mesmes raisons.

Et pour examiner toutes les autres parties qui seruent à l'accomplissement de ceste fortification, il semble que l'assaillant par quelques pieces d'artillerie peut ruyner, ou pour le moins endommager de beaucoup les flancs, les plaçant & logeant commodement de costé & d'autre à l'endroit des Bastions.

Espaule ou Orillon quarré. Pour à quoy obuier, sera bon auancer quarrément l'espaule vers l'Angle flanquant, afin que ceste auance (que nous appellerons cy-apres espaule & orillon quarré) puisse seruir de meilleure couuerture au lieu propiement & particulierement destiné pour flanquer, lequel nous reseruerons de largeur pour y loger vne ou deux pieces d'Artillerie.

Espaule ronde. Et pource que l'art d'assaillir passe encore plus outre, & montre le moyen de ruyner la pointe de l'orillon qui couure le flanc, en plaçant l'Artillerie sur la Contrescarpe, vis-à-vis de la pointe des Bastions, on pourra agrandir ceste espaule & orillon en le faisant en forme ronde, afin que la partie qui couure le flanc soit plus spacieuse & solide, & par consequent plus difficile à ruyner.

Bouleuard. Quelques-vns tiennent que ce mot vient de l'Italien belluagarda, ou par corruption de langage, boluarda. Ce Bastion ainsi accommodé d'orillon rond, s'appellera Bouleuard. Si on objecte que sur cét orillon rond on pourroit aduancer vn quarré, & sur le quarré vn rond, & par consequent la chose feroit infinie : ie responds que les orillons ne doiuent pas tant seruir de couuerture aux flancs, qu'ils les rendent du tout inutiles, ce qui se feroit par leur simple ruyne, qui offusqueroit & boucheroit l'ouuerture que les flancs doiuent auoir pour le jeu des pieces : Tellement que par toute raison la plus simple figure quarée, ou ronde qui sert à l'effect desiré, est à preferer aux autres.

Longueur des Orillons. Au coin du flanc de cét Hexagone, l'ouuerture se pourra faire de quatre ou cinq thoises de largeur, pour la baye d'vn Canon, ou deux autres petites pieces, pour les raisons qui seront cy-apres declarées : La longueur de l'orillon quarré de quatre ou cinq thoises : & pour le rond, autant que la conuexité du Cercle se peut estendre sur la ligne droicte de l'orillon quarré, qui est vn corps mediocre, qui par sa ruyne ne pourra pas empescher l'effect des flancs : Et le tout en sorte que la ligne droicte de l'orillon, laquelle est opposée à la Courtine, soit parallele à la mesme Courtine, afin qu'en quelque lieu que l'assaillant se puisse mettre sur la Contrescarpe, ne puisse descouurir que la moitié du flanc, & que le surplus caché, serue & face vn bon effect à l'heure de l'assaut.

Cazemate. La capacité du logis derriere le flanc pour loger les pieces (qu'on appelle Cazemate) me semble suffisante en l'Hexagone de cinq thoises de large, à prendre à la ligne de la Courtine, & de cinq de longueur, pour loger les deux pieces d'Artillerie deuant dites, & quelques harquebuziers & mousquetaires : mais pour loger vn Canon, la faut tenir de six thoises & demye de longueur, & ceste longueur s'entend sans comprendre le parapet du flanc, lequel tant de muraille que d'autre matiere, doit tousiours estre d'espesseur suffisante pour resister à la violence du Canon.

Ie ne

de Fortification.

Ie ne fais aucune mention des Bayes, (c'est à dire des ouuertures entre la Courtine & les espau- *Baye.* les) ny des Merlons, qui sont masses de maßonnerie ou de terre entre deux Canonnieres : d'au- *Merlon.* tant que l'experience exacte que i'ay faicte iusques à present, m'a fait cognoistre que ces deux choses sont le plus souuent cause de la ruyne de ceux qui sont aux Cazemates, si ce n'est que la matiere desdits Merlons soit si bonne qu'elle ne puisse estre aucunement esbranlée tant du Canon de l'assaillant, que du vent du Canon de la Cazemate : Ie laisse le choix de ces materiaux au iugement de l'Ingenieur qui auisera diligemment à l'epesseur necessaire pour tel parapet, auec la hauteur.

La hauteur de la Cazemate ne doit surpasser le niueau du plan, mais plustost estre au dessous, afin que de la campagne on ne la puisse descouurir, & que l'assaillant soit contraint d'approcher ses pieces sur la Contrescarpe, qui est autant de temps gaigné pour les assiegez.

Et pource que l'experience a faict assez cognoistre que les coups de Canons tirez en bricolle pres des flancs, les endommagent beaucoup, & peuuent rendre les Cazemates inutiles, principalement és forteresses reuestuës de bonnes murailles, & autres matieres dures, il sera bon que tels endroicts de la Courtine, & pres des flancs (pour euiter ce mal) soyent faicts & bastis de bonne terre & gazons, ou autres matieres douces, qui ne pourront causer aucune bricolle. *Bricolles.*

Ou autrement se pourront faire en mesmes endroicts, & pres des flancs (en costruisant la muraille) deux ou trois retraictes, ou redents, pour arrester les balles, & empescher les bricolles, comme la figure le demonstre. *Moyen d'arrester les bricolles des assaillats*

Il y a encore vne autre inuention pour empescher telles choses, par le moyen d'vne muraille construite auec beaucoup de talu, & quasi en glacis T, afin que les balles tirées contre icelle montent, au lieu de donner au flanc & à la Cazemate : Et ceste derniere semble meilleure que les deux autres, pour n'estre tant suiete à demolition.

Le derriere de la Cazemate (soit muraille, ou terre) doit seulement estre d'épesseur mediocre, pour empescher les coups de Canons tirez tant en bricolle qu'autrement, parmy l'ouuerture du flanc, afin d'auoir ample espace pour entrer & sortir librement du Bastion.

C'est en quoy plusieurs Ingenieurs ont grandement erré, quand ils ont tellement garny les Bastions de Cazemates l'vne sur l'autre, ou par degrez & retraictes, que l'espace du Bastion en a esté quasi tout occupé : ne iugeans pas que l'assaillant accort, attaquant deux Bastions, rend par ce moyen tout cét espace inutile, en sorte qu'on ne s'y peut retrancher, ny mesme preparer pour soustenir & defendre vne bréche : Car ceste, est vne maxime entre tous, que *Celuy qui flancque doit estre hors d'assaut.* Et de là s'ensuit (contre l'opinion vulgaire) que le Bastion n'est pas fait seulement pour couurir les flancs de la batterie des assaillants, mais aussi pour enfermer vn espace capable de contenir le nombre d'hommes qu'il faut à défendre la bréche de front, & par ce moyē asseurer ceux des flancs : Car autrement toute bréche raisonnable n'estant defenduë de front, met necessairement tout ce qui est dans le Bastion en assaut. Et de cecy (outre le sens commun) la longue experience & exemples si frequents seruent de reigle.

Où au contraire, la gorge d'vn Bastion) qui est l'espace entre les deux flancs) estant bien gran- *Gorge du* de & ample, peut receuoir de grands & amples retranchements, & par consequent plus forts que *Bastion.* les estroits & reserrez : D'autant que les assaillants venans par vne bréche, ne peuuent pas faire front égal à tels retranchements. Mais cecy sera plus amplement traicté cy-apres au Chapitre de la forme des Retranchements dans les Bastions.

L'entrée en la Cazemate sera fort commode du costé du pand du Bouleuard, afin d'estre mieux *Entrée en la* couuerte, & sera bon en faire vne autre par dessous le Rampart du costé des maisons, pour ser- *Cazemate.* uir, au cas que l'autre soit par quelque accident renduë inutile, ou que l'on soit contraint la boucher & fermer entierement pour la seureté de ceux qui sont aux Cazemates.

Vn puits y est fort necessaire (si le lieu le permet) pour le rafraichissement, tant des pieces que *Le puits.* de ceux qui y seront destinez.

Les lieux secrets n'y doiuent estre obmis, pour éuiter les puanteurs, principalement en temps *Lieux se-* d'Esté. *crets.*

Les poternes & sorties secrettes, tant au fossé sec, que plein d'eau, se pourront faire commo- *Poternes & sorties se-* dément au coin du flanc, à couuert de l'espaule : & pourtant en ce dernier faudra conseruer quel- *crettes.* que lieu pour tenir vn petit bateau à couuert.

F   Le tout

Second Liure

Le tout ainsi que la figure du Boulleuard le demonstre, qui seruira pour toutes les autres figures suiuantes.

Largeur du flanc & Cazemate.
Touchant ce qui a esté dict, que la largeur du flanc doit estre pour loger vn Canon, ou deux autres pieces seulement : la raison est en ce que l'assaillant ayant placé son Artillerie sur la Contrescarpe vis-à-vis du flanc, peut tousiours emboucher ce qui luy sera descouuert, & par consequent demonter aisément la piece opposée directement. Et quant à l'autre, elle sera retirée à couuert de l'espaule, pour faire son effect à l'heure de l'assaut, & tirer comme en bricollant contre le pan assailly, & dedans les ruynes de la bréche, en sorte qu'elle ne sera veuë ny endommagée, que premier l'espaule ne soit ruynée : & ceste façon de flanquer sera cy-apres plus amplement demonstrée au Chapitre des flancs fichants du troisiéme Liure. C'est pourquoy on ne se peut asseurer que sur ceste piece couuerte, laquelle ie desireroye estre montée sur vne seule rouë, auec son essieu de longueur de quinze ou dix-huict pieds, attaché par le bout sur vn ferme pieu, comme sur vn piuot M, afin que par ce moyen la piece se puisse bracquer à souhait, comme D C B, & faire son recul en tournant comme N O, pour estre tousiours de tant mieux couuerte de l'espaule, auec moindre trauail pour les Canonniers. C'est selon l'experience que i'en ay

Experience du Canon monté sur vne seule rouë.
faicte au Chasteau de Sedan le huictiéme iour de Ianuier mil cinq cents nonante-cinq, (en presence de Monseigneur le Duc de Boüillon) de laquelle dependent plusieurs autres belles subtilitez, dont les recherches ne seront inutiles pour ceux qui voudront defendre quelques places.

Quant aux Ramparts, la proportion a esté descritte cy-deuant de treize thoises de largeur, (principalement en ceste place de six Boulleuards, qui est aucunement petite) & trois ou quatre de hauteur, pour les raisons alleguées.

Et pour le regard des montées des Courtines, ie suis d'auis de les prendre és ruës, qui separent les logis d'auec les Ramparts, (qui seront cy-apres descrittes) afin de laisser tant plus d'espace pour bastir.

Mais il faut estre aduerty qu'en toutes places les Bastions ou Boulleuards doiuent estre ramparez, de sorte qu'apres la largeur suffisante pour resister à la violence de l'Artillerie, le surplus soit vuide & au niueau de l'assiette naturelle de la place, ou au plus d'vn seul commandement, afin qu'on puisse estre mieux à couuert, tant pour ramparer les bresches, que pour trauailler aux retranchements, & autres choses necessaires.

Caualiers.
Pour le regard des Caualiers, ils seront mieux placez & plus commodes au milieu des Courtines qu'ailleurs, parce que cét endroict est moins subject à la batterie, & par consequent au retranchement.

Courtines esleuées.
Mais il me semble que les Courtines esleuées seulement d'vn commandement par-dessus les Ramparts des Bastions, (pour égaler à peu-pres la depence & trauail des Caualiers) seront plus nuisibles aux assaillans, à cause qu'on y pourra placer d'auantage de pieces, & plus commodément qu'en vn Caualier : ioinct aussi que le tour & circuit de la place en sera plus facile, tant pour gens de pied que de cheual, & pour toute sorte de charroy, & aussi qu'elles enuiront moins aux retranchemens generaux.

La porte.
Finalement pour l'accomplissement de ceste Fortification, il sera bon placer la porte entre les deux flancs, (afin d'estre mieux defenduë de costé & d'autre) iustement au milieu d'icelle Courtine, pour respondre à la ruë principale, & estre plus commode pour le charroy : mais aussi pour éuiter la batterie de la campagne, la faudra abaisser auec son pont, en sorte que de la mesme campagne on ne la puisse decouurir.

En cela se cognoist l'erreur de ceux qui ne voulans l'abbaisser, la retirent pres d'vn flanc, à couuert de l'espaule du Boulleuard : car l'assaillant ayant amené son Artillerie sur la Contrescarpe, peut aysement rendre la porte inutile, en rompant & brizant le pont. Et ceste façon de couurir vne porte, n'est bonne qu'és places qui ont le fossé sec, au fond duquel le charroy se peut faire. Lors la porte estant abaissée iusques au fond, sera plus commode que aucune autre : Mais il faut balancer ceste commodité contre l'inconuenient des entreprises & surprises qui peuuent arriuer tant de l'ouuerture de la Contrescarpe, qui de cét abaissement. Le Lecteur aura recours au troisiéme Liure, sur la fin du chapitre des Flancs fichans, ou sera demonstrée vne autre façon de porte plus secrette, pourueu que l'Angle flanquant soit plus ferme & serré, & qu'il produise la couuerture qui y est décritte, & que le fossé soit sec. Quant au pont-leuis, ie serois d'auis de le faire par

Pont-leuis.
dedans en ceste sorte. Premierement, que la porte soit selon le parement de la muraille.

Qu'à six thoises de là, soit la herse sarrazine, ou paux suspendus, le tout couuert d'vne voute.

Qu'à

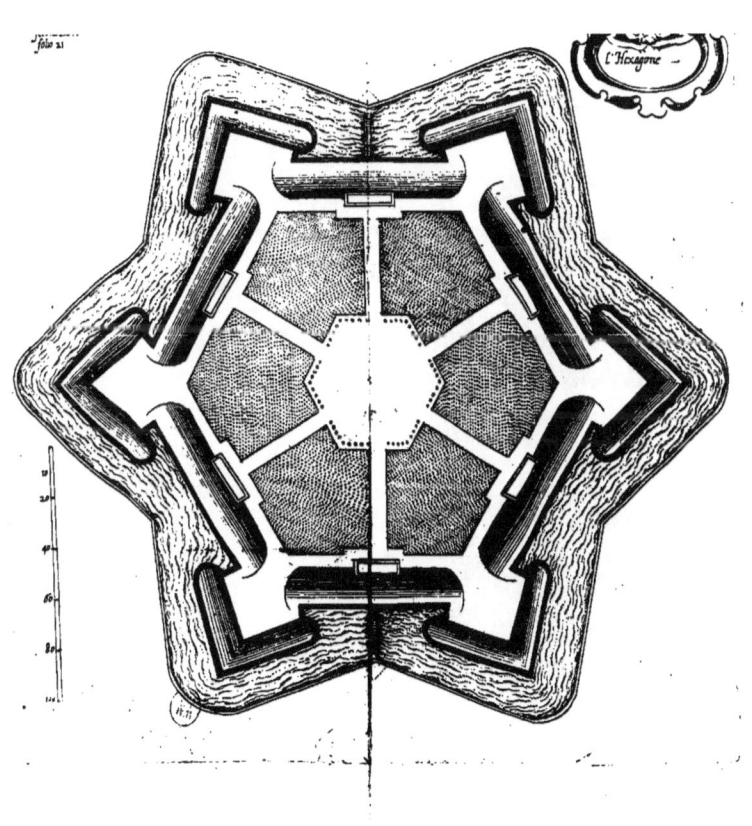

de Fortification.

Qu'à vne thoise de là commence vne distance ouuerte de la longueur de trois thoises, en laquelle on fera le trou & creu pour le pont-leuis.

Que le pont-leuis soit à côtrepoids & bascule par-dessous, (& non à flesches) pour estre plus ayse à leuer & abbaisser, & espargner la hauteur des murailles, qui pourroient estre battuës par-dessus le Rampart, & par consequent empescheroient l'ouuerture d'icelle.

Qu'apres le pont soit vne autre voute iusques à la fin du Rampart, dans lequel espace se pourra faire encore vne porte ou deux, ou quelque herse. Et faut noter, que cette espace à iour au-deuant du pont-leuis, seruira pour plus seurement recognoistre à toute heure le pont, & empescher les surprises.

Le pont-leuis estant ainsi caché, se pourra hausser & abbaisser, sans donner alarme aux assaillants, & sera plus aysé à defendre.

Quant au pont du trauers le fossé, ie seroye d'auis de le faire de bois, afin d'estre plus aysément demonté, & que l'assaillant ne s'en puisse seruir de couuerture contre les flancs: Ce qu'il feroit d'vn pont materiel de pierre, comme l'experience l'a assez fait cognoistre en nos guerres dernieres. *Pont du fossé.*

Les barrieres doiuent estre doubles, & l'espace entre-deux fort grand. *Barrieres.*

Cette espace sera pour y receuoir chairs, charrettes, gens de cheual & de pied, & les recognoistre auant qu'ouurir la seconde barriere.

Le Corps-de-garde sera suiuant cette seconde barriere, afin d'estre plus seurement, & hors du hazard & danger de ceux qu'on recognoistra. *Corps-de-garde.*

Vn autre Corps-de-garde se fera dans la place, non tant pour recognoistre ce qui vient de dehors, que pour pouruoir aux sinistres desseins qui se peuuent faire en vne place.

Et pourtant sera bon d'opposer l'vn à l'autre, en sorte qu'ils se puissent recognoistre.

Et est encore à noter, qu'entre les grands Capitaines on tient que le Corps-de-garde dans la Ville doit estre éloigné de cinquante ou soixante pas de la porte, afin que venant le mal-heur d'vne surprise de pont-leuis & porte, les Soldats ayent plus de temps de s'armer, & venir en corps au-deuant du mal: & que les ennemys ayent ce double empeschement de garder l'entrée de surprise, & combatre le Corps-de-garde qui en est éloigné, qui par consequent donne tant plus d'asseurance aux Soldats de se defendre, & aux ennemys de frayeur d'attaquer gens preparez.

Et pource que la proportion d'vne Armée, & de ses munitions, des assaillans & defendans se changent assez souuent (comme il a esté dict au Chapitre troisiéme du premier Liure) il ne sera pas inutile de discourir, principalement des moyens de defence, (puis que nostre but est de fortifier & defendre) & comment on pourra suppléer aux defauts d'vne place assiegée par vn plus grand nombre d'hommes qu'il n'a esté dict; ou par plus grande quantité de munitions & Artilleries. *Proportion rompuë de l'Armée assaillante, & des assaillis.*

Pour exemple, soit cét Hexagone ainsi décrit, & muny, assiegé par douze mil hommes, & vingt-quatre Canons, auec les munitions necessaires ja décrites pour chacun Canon.

Il semble selon toute raison, puis que les assaillans excedent les assaillis de douze Canons, que les assaillis ayans (outre leur prouision & munitions ordinaires) douze Canons fournis de mesme que ceux des assaillans, qu'ils seront égaux. Et toutes les objections qu'on pourroit faire vne vingt-quatre Canons démonteront facilement douze, ne font rien contre ce propos, puis que nous auons posé choses égales aux vns & aux autres.

Et aussi que le temps, peines, & grandes despences qu'on employe à démonter & ruyner l'Artillerie des assaillis, sont autant de diminutions des batteries & grands effort qu'il faudroit faire contre la place. Par mesme raison, si les assaillans estoient en nombre de quinze mil hommes de guerre, & excedassent par ce moyen la proportion deuant dicte de trois mil hommes; Il est certain que les assaillis se rendront égaux, si outre leur guarnison ordinaire ils ont trois mil Soldats.

F ij

Second liure.

On a encore mis en question entre les plus experimentez, si le trop grand nombre des assaillans peut estre recompensé par plusieurs pieces d'Artillerie, ou par quelque artifice en la place: Ou si la trop grande quantité d'Artillerie des assaillans peut estre recompēsée par quelque nombre d'hommes assaillis: Mais cette question n'est encore vuidée, & ne s'est trouué homme qui en ayt traitté, combien qu'elle merite bien vn ample discours, & soit de tres-grande importance.

Il semble pour le premier, que si les assaillis ont autant de pieces que les assaillans, ils pourront contrebatre & empescher l'effect d'vne si grande Armée.

Et pour le second, s'ils ont vn grand nombre d'hommes, ils pourront faire de grandes sorties fort aduantageuses, empescheront beaucoup les approches; & par maniere de dire, pourront entreprendre vne nouuelle fortification, & plus ramparer que l'Artillerie des assaillans ne pourra destruire. De cecy ie n'ay rien de precis que ie puisse mettre en auant: & partant ce discours sera pour les plus experimentez.

Mais le tout se doit principalement entendre des places amples & spatieuses, où on pourra facilement loger tels surcrois d'hommes, & commodément placer les pieces d'Artillerie sur-abōdantes: car autrement telles proportions n'auront plus de lieu.

Le Lecteur sera aduerty, qu'encore que la methode de construire le pont-leuis à contrepoids & bascule, cy-deuant décritte, soit tenuë pour la meilleure: si est-ce qu'elle ne se doit pratiquer en toutes sortes de places, ains seulement és lieux secs, & où il n'y peut iamais auoir d'eauë dedans la fosse & creu dudit pont-leuis: parce qu'estant leué, & les fléches & bascules estans iournellement dedans l'eauë, se gastent & ruynent pluftost, & en temps d'Hyuer se peuuent geler, en sorte qu'il seroit tres-difficile à le rabaisser: Ce qui s'est trouué en certains endroits, où on a esté contraint d'atteler iusques à vingt & trente paires de bœufs pour rabaisser vn pont construict en ceste sorte. Partant l'Ingenieur auisera à ne mettre en pratique vne chose à vn lieu qui est propre en l'autre, & d'approprier le tout suiuant l'assiette & situation des places.

En ce discours de l'Hexagone, ie ne me suis point arresté à faire les supputations si exacte qu'il seroit necessaire, craignant que les trop frequentes & menuës fractions de nombres n'empeschassent le fil & cours des demonstrations: Ioinct aussi que les fautes ne sont point sensibles, quand en vn dessein accomply il ne se trouue de manque qu'vn pied ou enuiron, qui ne peut donner espace à l'ennemy, ny aucun moyen d'y loger vn Soldat à couuert. Ceux qui se delecteront és supputations Arithmetiques pourront plus precisément cognoistre la puissance des lignes, & prendre plaisir à telles recherches: me contentant d'en donner l'ouuerture autant qu'il en faut pour paruenir au point desiré, tant de ceste figure, que des autres suiuantes.

DE LA

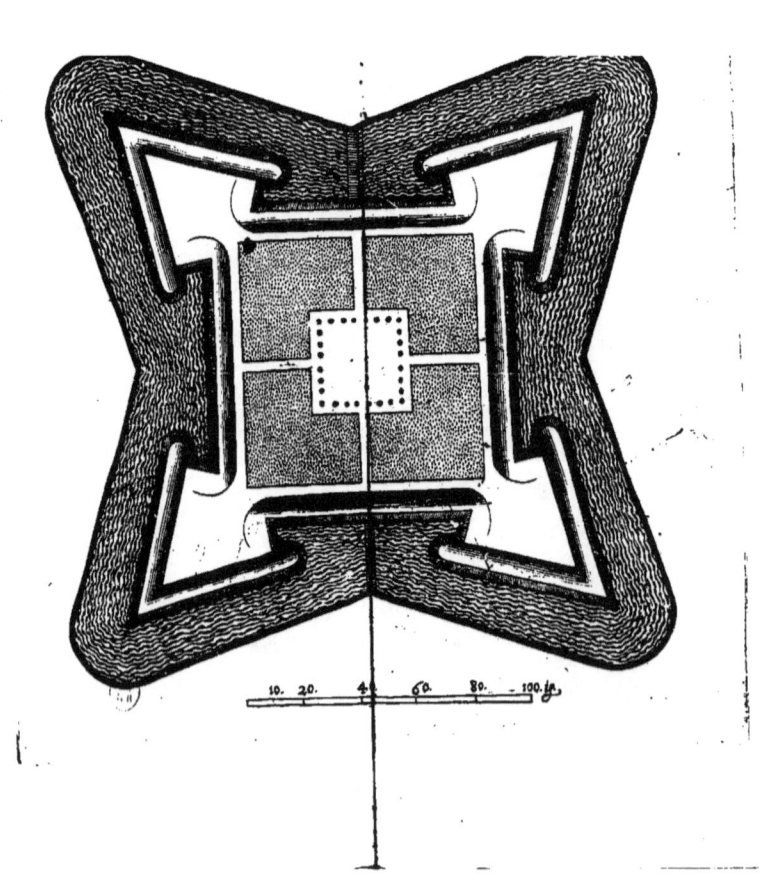

de Fortification. 22

DE LA CONSTRVCTION
DE L'HEPTAGONE.

CHAPITRE IIII.

OVR la Construction de la fortification de l'Heptagone, d'autant que ceste figure, & toutes les autres figures Regulieres suiuantes, se diuisent en autant de Triangles Isosceles, qu'elles contiennent de costez: Il sera besoin de trouuer l'Angle du Centre pour former chacun Triangle, & trouuer le costé. Ce qui se fera en diuisant trois cents soixante degrez par le nombre des costez, & le quotient donnera ledit Angle: Comme pour exemple. En l'Heptagone faut diuiser trois cents soixante par sept: le quotient sera cinquante & vn trois septiémes, pour l'ouuerture d'iceluy Angle marqué A. Or puis que les trois Angles de tous Triangles sont égaux à deux droits, & qu'aux Triangles Isosceles les Angles de la Baze sont égaux entre eux: faut soustraire l'Angle du Centre A de cent quatre-vingts degrez, qui est la valeur de deux droits, restera cent vingt-huict quatre septiémes, pour les deux Angles de la Baze, qu'est pour chacun d'iceux soixante-quatre, deux septiémes. En apres faut louer de l'Angle A B D l'Angle A B C, de quarante-cinq degrez, qui sera la moitié d'vn droit, & tirer la ligne B C: prendre la ligne B E égale à D C, & tirer la ligne D E: puis diuiser l'angle A B C en deux également par la ligne B F, & tirer du pont F vne perpendiculaire sur B C, qui sera F G, ligne du Flanc, & coupera la longueur du pand de Bastion B G, à laquelle sera faict égale D H: comme aussi C I à E F, & I H à F G, & tirer la ligne F I, qui sera la Courtine d'entre les deux demy Bastions E B G F & I H D C. Posant la ligne du Flanc F G de dix-neuf thoises vn tiers, & faisant l'eschelle sur ceste quantité, on trouuera toutes les mesures des autres lignes de la Fortification sur icelle proportionnée selon la portée de l'Harquebuze: Et si on

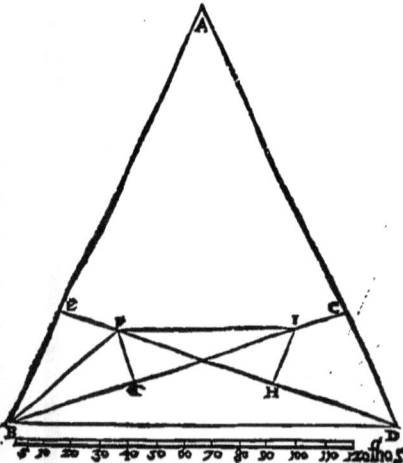

la pose de vingt-trois thoises vn tiers, on aura les mesures proportionnées en sorte que la ligne de defence sera selon la portée du Mousquet.

F iij DE LA

Second Liure

DE LA DEMONSTRATION
DE L'HEPTAGONE.

CHAPITRE V.

EN l'Heptagone l'Angle du Centre est cinquant: & vn degrez trois septiémes: La raison du costé de l'Heptagone au demy diametre de son Cercle, ne se trouue: & pourtant sa description & demonstration en a esté mechanique jusques à present, & n'auons rien de plus preciz que la moitié d'vn Triangle equilateral, décrit au mesme Cercle, pour le costé dudit Heptagone. Et ceste raison approche de quarante-huict & demy à cinquante-six, ou cinquante-deux à soixante. Et la perpendiculaire D B tombante de l'Angle de l'Heptagone sur le demy-diametre F G, quasi comme quarante-six, six septiémes, à trente-huict deux tiers: Ou autrement, la quatriéme partie du demy-diametre joincte à iceluy: Et dessus ceste ligne, soit décrit vn Triangle Isoscele, ayant pour ses deux costez les deux demy-diametres: l'vn des Angles de la baze sera la septiéme partie de quatre droicts: car il faut que D B soit à D A, comme le quarré de A B au quarré de D C, selon Monsieur Vyet.

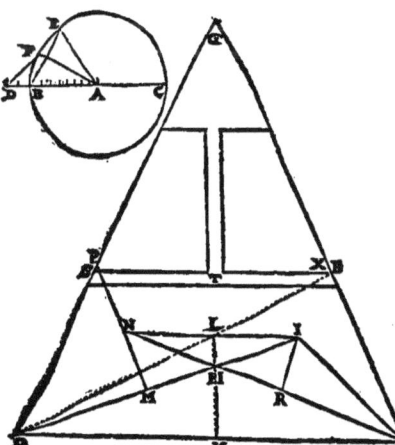

L'Heptagone ayant l'Angle flanqué droict, le flanquant sera de cent quarante & vn degrez trois septiémes.

Si le Flanc M N est posé de dix-neuf thoises vn tiers, N P sera de vingt-sept thoises vn tiers: Et par consequent P M ou D M (qui est le pand du Bastion) de quarante-six thoises deux tiers. Or le Triangle N M H est équiangle au Triangle Rectangle B G D: N M aura donc à M H telle raison que G B à B D: ainsi M H sera de vingt-trois thoises trois septiémes, & N H de trente thoises; D H de septante thoises deux vingt-& vniémes, & la toute D I, (qui est la ligne de defence) de cent thoises deux vingt-& vniémes (HI & HN estant égales par la Construction:) La ligne N I, (qui est la Courtine) cinquante-six thoises neuf vnziémes: & comme M N est peu plus que le tiers de N I, ainsi H K sera presque vingt-quatre, qui est peu plus du tiers de D H: ainsi D K sera presque de soixante-six thoises, & de pointe à autre D F cent trente-deux, & H L peu plus de dix.

Ie ne

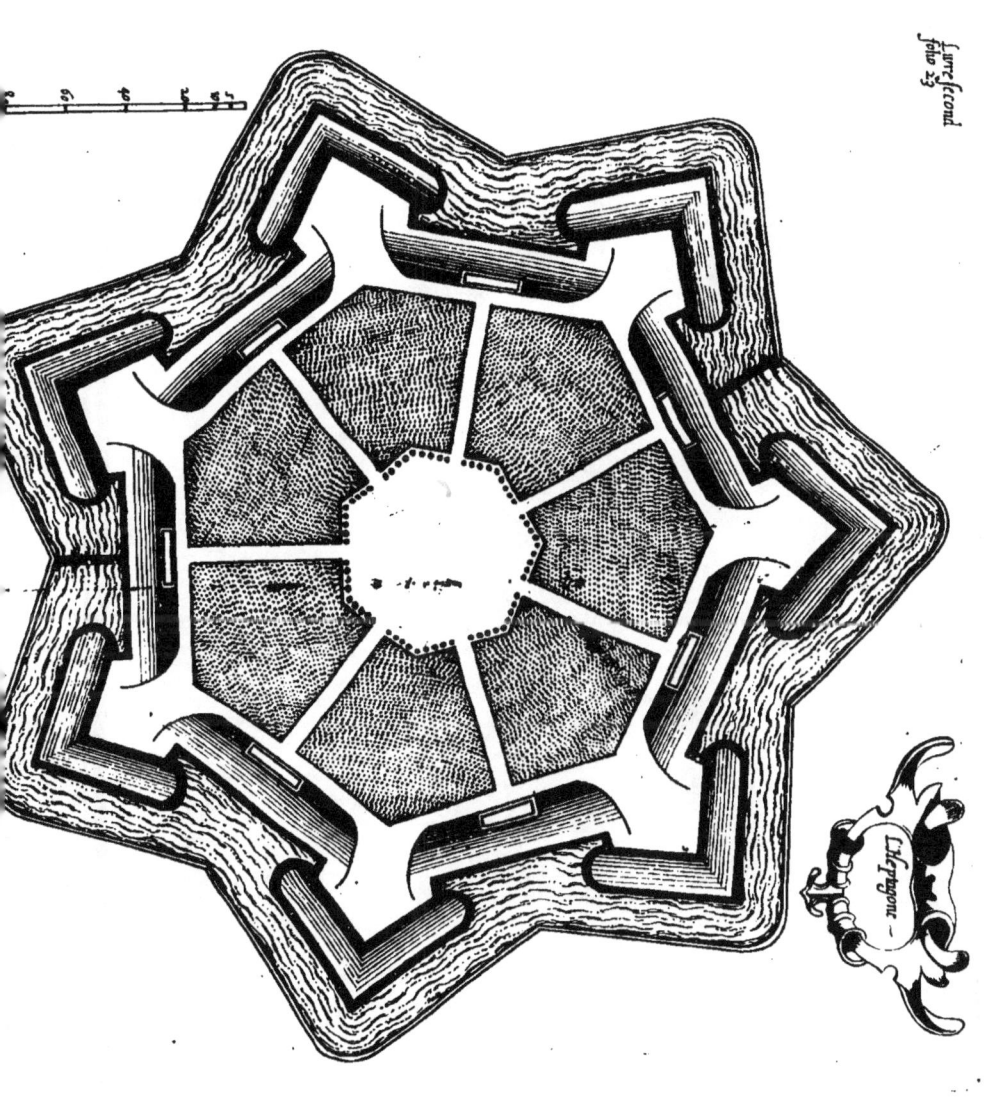

de Fortification.

Ie ne chercheray autre supputation plus exacte, puis que les parties deffaillantes de celle-cy sont insensibles.

Ceste ligne de defence n'excedant la portée de l'Harquebuze; Le Flanc estant de dixneuf thoises vn tiers : L'Angle flanqué droict : l'Angle flanquant double, (sçauoir au point N & I) ceste place aura toutes les parties essentielles d'vne bonne Fortification. La garnison d'icelle sera de quatorze cents Soldats, & sept cents habitans. Les Ramparts estans de seize thoises de largeur, (qui est plus qu'en l'Hexagone, à cause que la capacité de la place s'augmente) & la Ruë separant les logis des Ramparts de cinq thoises : le Triangle restant S T X G (ayant S X de septante-huict thoises, & sa perpendiculaire T G de quatre-vingts & vne thoises) sera de trois mil cent cinquante-neuf thoises. Le quart ou peu-pres osté pour la place & grand' ruë, le surplus montera à deux mil quatre cents thoises, multiplié par sept, sera seize mil huict cents thoises, qui sera pour chacun habitant vingt-quatre thoises. Tellement que ceste place ainsi munie de quatre Bastardes, & deux Moyennes, pourra resister à vne Armée de quatorze mil hommes, & quatorze Canons, selon les proportions cy-deuant décrites.

Et si le Flanc est posé de vingt-trois thoises vn tiers, qui est vn cinquiesme d'auantage, le pand du Bastion sera de cinquante-six thoises : La Courtine de soixante-sept thoises deux cinquiesme: La ligne de defence de cent vingt thoises deux vingt & vniesmes, (qui est seulement la portée du Mousquet) & de pointe à autre cent cinquante-huict thoises deux cinquiesme, & la place pour chacun habitant quasi trente-cinq thoises, sans comprendre l'eslargissement du Rampart & de sa ruë, qui est en mesme proportion.

Ceste derniere commodité me semble tousiours deuoir estre preferée à la ligne de deffence, principalement és Hexagone & Heptagone, qui sont plustost Citadelles que villes : Toutesfois de ces deux, & des autres suiuantes, que ie demonstreray de mesme, i'en laisse le iugement aux bons Ingenieurs & Capitaines. *Hexagone & Heptagone estimez Citadelles plustost que Villes.*

Au surplus, les Ramparts, Fossez, Contrescarpes, Couridors, Portes, Ponts, & Ruës sur les Angles de la place, se feront comme en l'Hexagone, suiuant les mesmes proportions. Et quant à la Cazemate, sa largeur se prend selon que l'Angle flanquant la donne : Car en l'Hexagone elle est plus estroicte qu'en l'Heptagone : & en celle-cy plus estroitte qu'en l'Octogone : & ainsi de toutes les autres Figures Regulieres en montant : mesme les Orillons, tant quarré que ronds, ne peuuent point tant sortir hors du corps du Bastion, à cause que l'Angle flanquant estant plus fermé, restraint & reserre l'Orillon, afin de donner jeu aux pieces. Et pour la longueur de la Cazemate, on la pourra faire de six thoises, pour auoir le lieu plus commode & aisé à y manier deux pieces, & y loger des Harquebuziers & Mousquetaires necessaires.

Et pour le regard des Orillons quarrez, ou ronds, ils se pourront faire de façon, qu'ils couuriront la moitié du Flanc, & en sorte que le jeu des pieces sera tousiours libre, comme il a esté dict, pour defendre le Bastion & Angle flancqué.

Ces choses sont principalement à considerer en la Construction du Flanc : Sçauoir l'espace de la Cazemate, auec sa largeur, & l'Orillon seruant de couuerture, qui doit estre basty & construit auec telle consideration, que sa ruyne ne puisse offusquer & boucher les Bayes, & empescher l'effect des pieces, Harquebuziers & Mousquetaires destinez à flanquer la bréche.

Les Magazins se feront au couuert, & au milieu des Courtines, ainsi qu'en l'Hexagone, & pour les mesmes raisons.

Mais l'accomplissement de ceste Figure ne peut pas estre arresté sans vuider quelques questions qu'on peut faire sur plusieurs parties d'icelle. Premierement, comme de la comparaison de l'Angle flancquant au flancqué : De l'espesseur du Flanc au contenu de la place : De la ligne de défence & du corps du Bastion. On demande donc, puis qu'en l'Hexagone l'Angle flancquant est tenu pour bon, & tout ce qui en dépend, Pourquoy en ceste Figure ne retient-on le mesme Angle flancquant, & tout ce qui en dépend, pour auoir le flancqué plus ouuert que le droict, & par consequent meilleur, suiuant la commune Sentence premise, & sans augmenter le circuit, rendre la place plus spatieuse, & plus commode? Pour vuider ceste question, il faut balancer les commoditez auec les commoditez, & les défauts auec les defauts des desseint. On met donc *Comparaison del'Angle flancquant au flancqué, &c.*

en auant

en auant deux commoditez ; sçauoir l'Angle flancqué meilleur, & le contenu de toute la place plus grand : A quoy i'oppose le flanc plus grand, & par consequent plus difficile à myner : La ligne de defence plus courte, & par consequent plus aysée : Le corps du Bastion plus grand, & par consequent plus capable à contenir ceux qui defendront la bréche : La gorge du Bastion plus large, & par consequent meilleure à faire les retranchemens necessaires, qui auront plus de front qu'en l'estroit : Auec ce que ie puis adjouster que nous n'auons point d'exemples de la perte de quelque ville, faute d'espace pour loger, mais bien faute d'espace pour combatre & se defendre, qui est ordinairement celuy enclos dans les Bastions, & à la gorge d'iceux, comme chascun sçait : Ioinct aussi que quand la principale consideration du Prince est de loger seulement ses Bourgeois, & vne grande garnison, il a dequoy estendre son dessein par la figure suiuante, qui est l'Octogone plus capable que celle-cy : Outre que comme le dessein augmenté en toute sorte, ainsi nous posons l'armée assaillante augmenter en toutes ses parties, comme il a esté dit cy-deuant, & conuersement. Tellement que les assaillans de l'Hexagone sont seulement douze mils, & les assaillans de celle-cy sont quatorze mils ; Il est donc manifeste qu'en l'Heptagone & autres figures regulieres suiuantes, l'Angle droit apporte plus de commoditez à la fortification, que l'Angle Obtus, & par consequent est à preferer, pour les consequences cy-deuant décrites: & toutes autres considerations contraires ne peuuent estre receuables qu'aux places contraintes, desquelles il sera traicté au troisiesme Liure.

Espace pour combatre, à preferer à l'espace pour bastir.

Angle droict à preferer à l'Obtus.

DE LA CONSTRVCTION
DE L'OCTOGONE.

CHAPITRE VI.

D'AVTANT que toutes Fortifications Regulieres & taillées en plein drap (c'est à dire en pleine Campagne) sont comprises dans la Figure du Cercle, & qu'il se rencontre quelque-fois (comme en celle-cy) que sans aucune operation la ligne du pand de Bastion, qui fait l'Angle flancqué, se trouue estre le costé d'vn quarré inscript dans le Cercle, & dont les extremitez seruent à deux pands de Bastiõs, en laissant vn entre-deux : Ce qui donne la Construction plus facile qu'aux autres, où il faut chercher l'Angle du Centre, & le costé, pour trouuer l'Angle flancqué : C'est pourquoy i'ay jugé estre à propos (parce que ceste methode de Construction differe des precedentes) d'en faire vne description ample sur la Figure d'vn demy-Cercle, en la maniere qui s'ensuit.

Soit donc décrit le demy Cercle de telle distance qu'on voudra, comme A B C D E au Centre F; & sur le Diametre A E soit tirée vne perpendiculaire iusques à la circonference, comme F C. Du point C au point A, & au point E, soient tirées des lignes lesquelles feront auec le Dyametre la moitié d'vn quarré décrit dans le Cercle, & par consequent l'Angle A C E droict, qui sera l'Angle flancqué. Or en ceste Figure la ligne A C n'est seulement

de Fortification.

eulement la ligne du pand d'vn des Bastions de ladite Figure, ains de deux, à cause que c'est le costé d'vn quarré, lequel estant ainsi décrit, sera facile de trouuer la huictiéme partie dudit Cercle, qui sera le costé dudit Octogone, en diuisant en deux également iceluy costé de quarré, com-

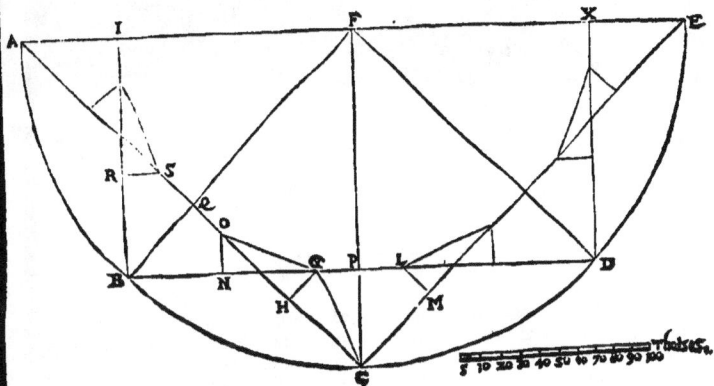

me au point Q; & soit tirée FB, comme aussi FD: Apres soit tirées BI, BD, & DE. Pour couper la iuste longueur du pand de Bastion, & trouuer la ligne du flanc, faut diuiser (comme és Figures precedentes) l'Angle ACF en deux également, par la ligne CG. Alors du point G soit tirée vne perpendiculaire sur la ligne AC, comme GH, qui sera la ligne du flanc, & coupera la iuste longueur du pand de Bastion au point H. Cela fait, on pourra paracheuer le reste de la Fortification, en prenant la distance CH, & la marquer sur la ligne CE, comme au point M, & la distance GP sur la mesme ligne PI; par ainsi le Bastion entier sera formé: & faisant le mesme aux autres, comme BN, BR, OQ, QS, se trouuera la Courtine GO; & ainsi semblablement aux autres, comme la Figure le demontre.

Faisant la ligne du flanc de vingt & vne thoise, toutes les autres lignes seront proportionnées sur l'eschelle qui en sera faicte: en sorte que la ligne de defence sera de la portée de l'Harquebuze. Et si ladite ligne du flanc est de vingt-cinq thoises, les autres lignes seront tellement proportionnée, que la ligne de defence sera selon la portée du Mousquet.

G   DE LA

Second Liure

DE LA DEMONSTRATION DE L'OCTOGONE.

CHAPITRE VII.

N l'Octogone l'Angle du Centre est de quarante-cinq degrez, & l'Angle flancqué estant droict, l'Angle flancquant sera de cent trente-cinq degrez. Le flanc H T, ou C D, posé de vingt & vne thoise ; D F sera de vingt-neuf thoises & demye, & peu plus : Le pand de Bastion B C, de cinquante thoises & demye, & peu plus : La ligne B G de septante & vne thoise, & demye, & peu plus : Et la ligne de defence B H, de cent & vne thoise, & peu plus, qui est la portée de l'Harquebuze. La Courtine D H sera de cinquante-quatre thoises & vn tiers : K E, ou B P, de cent vingt-deux : B K de cent trente-deux : B L de cent septante-deux & demye : G L de cent trente-deux : M G de vingt-sept & demye : G N de douze : N L de cent vingt thoises. Tellement que prenant N O de vingt-trois thoises, tant pour

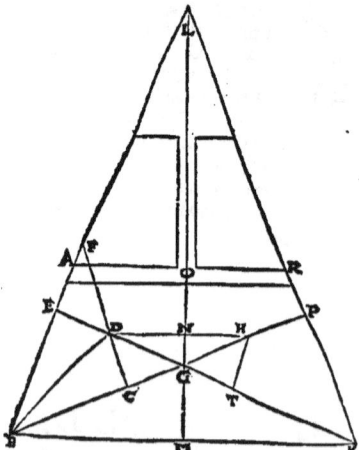

le Rampart, que pour la Ruë separant les logis d'auec iceluy Rampart ; Il restera pour O L nonante-sept thoises, & pour O R quarante thoises. Ainsi tout le Triangle A O R L contiendra trois mils huict cents quatre-vingts thoises, desquelles faudra rabatre enuiron le quart pour la place du milieu & la grand' Ruë : & il se trouuera rester enuiron trois mils thoises, multipliées par huict, feront vingt-quatre mils thoises, pour le contenu du lieu habitable : qui sera pour chacun habitant (y ayant huict cents Citadins, selon la proportion deuant dicte) trente thoises de place à bastir.

Ceste forteresse ainsi fournie de huict cents habitans, & seize cents Soldats, qu'est à raison de deux cents Soldats pour la defence de chacun Bastion, auec cinq Bastardes, & trois Moyennes, & les munitions necessaire; Ceste place resistera & soustiendra (suiuãt la proportion de dix Assaillans cõtre vn Assailly) le siege d'vne Armée de seize mils hõmes, & seize Canõs.

Que si le flanc est augmenté & posé de vingt-cinq thoises, la ligne D F sera de trente-cinq thoises vn tiers : Le pand de Bastion B C de soixante thoises vn tiers : B G de quatre-vingts cinq thoises vn tiers : La ligne de defence de cent vingt thoises deux tiers, qui sera la portée du Mous-quet : La Courtine D H d'enuiron soixante-& cinq thoises vn tiers ; La ligne M G d'enuiron

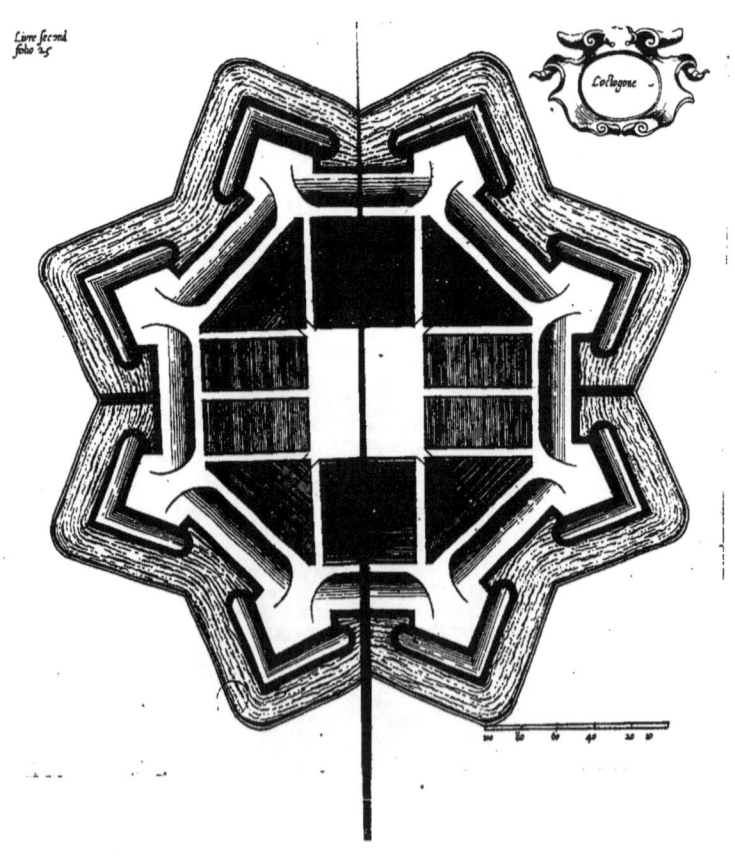

uiron trente-deux thoises & demye : B M de septante-huict thoises, & peu plus, B K de cent cinquante-six thoises, & enuiron vn tiers, G N peu moins de quinze thoises. Et la perpendiculaire L N d'enuiron cent quarante-deux thoises.

L'épesseur du Rampart & largeur de Ruë separant la forteresse d'auec les logis, estant augmentée en mesme proportion, puis déduite, restera en fin pour le Triangle entier de l'espace enclos, enuiron cinq mils neuf cents cinquante thoises, desquelles estant leué le quart de quatorze cents quatre-vingts sept thoises & demye, pour la place du marché & ruës, resteront quatre mils quatre cents soixant & deux thoises trois quarts, qui seront pour chacun habitant, peu plus de quarante-quatre thoises & demye. Tellement que chacun habitant estant ainsi amplement accommodé & logé, ceste place pourra estre dicte & appellée Ville. *L'Ostogone peut estre nommée Ville.*

Au surplus, les Portes, Ponts, Fossez, Contrescarpes, Couridors, se feront comme és Figures precedentes, comme en semblable les Orillons tant quarrez que ronds, auec les hauteurs des Murailles, Ramparts, Parapets, & capacité des Magazins, le tout suiuant les preceptes cy-deuant décrits, & selon que l'Angle flanequant de la Figure le permettra.

En ceste Figure, le Rampart de la Courtine, auec la Ruë qui le separe des logis, a esté mis de vingt-trois thoises, puis de vingt-sept & demye, ou enuiron, pour suiure la proportion, comme en toutes les autres Figures suiuantes : Mais il me semble que ceste largeur de dix-sept thoises pour le Rampart, est suffisante pour resister à toutes sortes de batteries visitées, joinct aussi que ceste Ruë peut tousiours suppléer au deffaut. Ie laisse neantmoins cecy à la discretion de l'Ingenieur, qui se sçaura accommoder selon la capacité de la place, & balancer les commoditez de l'vn & de l'autre. *Espesseur de Rampart suffisante pour resister à toutes batteries visitées.*

Par ceste demonstration on peut facilement cognoistre qu'en ceste Figure le Bastion est placé sur vne ligne droicte, c'est à dire, que les lignes de defences de costé & d'autre, procedantes d'vn mesme Bastion, ne font aucun Angle, & par consequent font vne mesme ligne droicte, qui est le costé d'vn quarré inscript dans le Cercle, comme il a esté dict en la Construction.

L'Orillon rond a son Centre sur la premiere ligne du flanc C D, & aux autres Figures suiuantes le Centre rentrera de plus en plus dans le Bouleuard, (à cause de l'Angle flanquant qui se resserre) afin de ne donner point trop de longueur & estenduë à l'Orillon tant quarré que rõd, neantmoins la demonstration se fera tousiours de mesme comme és precedentes, parce qu'il n'y aura rien d'alteré ou changé, sinon les pands des Bouleuards, qui sont quelque peu racourcis.

La forme de la place du marché & alignements des ruës demeureront à la discretion de celuy qui bastira : Toutesfois ie la desireroye quadrangulaire, d'autant que les meilleurs Architectes ont tousiours preferé la commodité de l'Angle droict de la principale place & des bastiments des carrefours, à la beauté & simmetrie d'vn dessein. *Forme de la place du marché.*

Les ruës pourront aussi estre tirées quarrément de la place vers chacun Bastion, ou Bouleuard, pour d'icelle pouruoir plus promptement aux alarmes, comme il a esté dict cy-deuãt : I'ay seulement changé les quatre-fours des ruës, comme on void par ceste Figure.

I'ay vsé de ces mots de peu plus & peu moins aux supputations des longueurs des lignes, au lieu de menuës fractions qu'il y faudroit, lesquelles ne seruiroient qu'à diuertir le Lecteur de l'intelligence de la demonstration de la Figure : laissant les supputations exactes à ceux qui auront à mettre en pratique, & tracer sur terre : par ce qu'alors ils doiuent trauailler & examiner si exactement chacune des pieces de la forteresse qu'ils ont à construire, qu'ils ne rejette sur vne partie ce que doit estre sur l'autre : Et partant l'Ingenieur doit estre bon & exacte Arithmeticien.

G ij   DE LA

Second liure.

DE LA CONSTRVCTION
DE L'ENNEAGONE.

CHAPITRE VIII.

Ovr construire & tracer la fortification de l'Enneagone, qui est vne Figure de neuf Angles, & neuf costez : par-ce que chacune Figure se diuise en autant de Triangles Isosceles, comme elle contient de costez : faudra diuiser (comme il a esté dict és autres Constructions precedentes) trois cents soixante degrez par neuf, & le Quotient donnera l'Angle du Centre, qui sera de quarante degrez, lesquels leuez de cent huictante, qui est la valeur de deux droits, resteront cent quarante pour les deux Angles de dessus la Baze, qu'est pour chacun soixante degrez : Le costé se trouuera en diuisant deux costez d'vn Hexagone Inscript au Cercle en trois parties égales sur la mesme circonference, & vne chacune desdites trois parties sera le costé de l'Enneagone.

Soit donc décrit sur le costé A B le Triangle Isoscel A B C : Pour auoir la ligne du pand de Bastion, soit fait l'Angle C A D de quarante-cinq degrez, qui sont les trois quarts de l'Angle de la Baze : Puis soit faite la ligne A E égale à B D, & tirée la ligne B E. En apres soit diuisé l'Angle E A D en deux également, par la ligne A F : Soit prise D H égale à E F, & tirée la Courtine F H : Soit aussi tirée du point F vne perpendiculaire sur la ligne A D, comme F G, laquelle sera la ligne du flanc, qui denotera la longueur du pand de Bastion : Puis sera faite B I égale à A G : Ainsi seront décrits les deux demy Bastions A G F, & B I H.

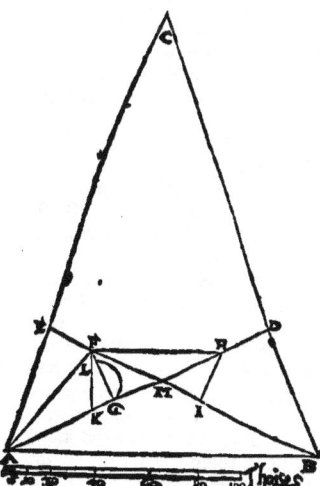

Mais si on y fait des Orillons ronds, il sera besoin (afin qu'ils n'offusquent entierement le flanc) de tirer la ligne du flanc en Angle droit sur l'extremité de la Courtine, comme K F, & sur icelle, apres auoir laissé l'espace de la Cazemate, comme F L, tourner l'Orillon K G L : Et en faisant la ligne M K égale à M F, on trouuera la ligne du flanc qui tombe en Angle droit sur la Courtine.

Posant la ligne du flanc F G de vingt-deux thoises, & que l'eschelle soit faite sur ceste quantité on trouuera la longueur de toutes les autres lignes de la fortification proportionnées sur icelle ; & que la ligne de defence n'excedera cent thoises, qui est la portée de l'Harquebuze.

DE LA

de Fortification.

DE LA DEMONSTRATION DE L'ENNEAGONE.

CHAPITRE IX.

A raison du costé de l'Enneagone à son demy-diametre, est incogneuë, & ne se peut demonstrer. Nous n'auons point de petit nombre plus approchant que le demy-diametre, estant de cinquante-six ; l'arc sera de trente-neuf vn neufiéme : & la corde D G, moindre que l'arc d'enuiron vnze quinziémes, sera de trente-huict, vn vingtiéme. La demonstration en seroit longue, mais assez precise.

Suiuant ceste proportion la ligne M D (demy diametre, & costé du Triangle Isoscele) estant enuiron de cent huictante-huuict ; D G seroit de cent vingt-huict, trois cinquiémes : & la pendiculaire M K, de cent septante-six deux tiers.

L'Angle du Centre de l'Enneagone est de quarante degrez.

L'Angle flancqué estant droict, l'Angle flancquant sera de cent trente degrez, estant tousiours égal à l'Angle flancqué, & à celuy du Centre.

La ligne du flanc F H, ou A B, estant posée de vingt-deux thoises, le pand du Bastion B D sera peu moins de cinquante-deux thoises : & la ligne de defence G A, ou F D, de enuiron cent thoises, qui est la portée de l'Harquebuze ; qui sera pour la totalle G N, ou D O, peu moins de cent vingt-deux thoises. Mais parce que A B est tant inclinée sur A E, que l'Orillon quarré ou rond y auroit trop d'estenduë, & peu de corps ; Il sera bon, tant en ceste Figure, qu'és autres suiuantes, tirer la ligne A C en Angles droits sur la Courtine F A, & sur icelle faire l'Orillon à discretion, comme I B C, Tellement que le Bastion estant simplement consideré, il aura son pand C D peu moins de quarante-deux thoises : Cecy se cognoistra par demonstration, retenant tousiours pour fondemēt la ligne du Flanc tirée en Angles droits sur le pand du Bastion, comme A B ; laquelle tant plus elle s'encline sur la ligne de defence A G, tant plus elle demonstré la bonté de l'Angle flancquant

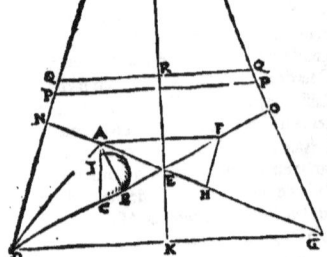

D E G. *Cecy est general pour toutes autres Figures, tant Regulieres que Irregulieres.*

G iij *La ligne*

Second Liure

La ligne B E sera de dix-neuf thoises. A E, ou E F, d'enuiron vingt-neuf thoises. Toutes lesquelles pieces jointes ensemble, auec le pand de Bastion B D, qui est peu moins de cinquante-deux thoises; feront cent thoises, comme dict est, pour la ligne de defence.

Or le Triangle A E C est Isoscele: C E sera donc égal à E A, & contiendra vingt-neuf thoises; desquelles ayant leué la ligne B E, restera pour B C peu plus de dix thoises; Et par ainsi la ligne A C (estant par puissance égale à B C, B A) sera de vingt-quatre thoises & demye: Et ceste ligne s'appellera cy-apres, *Ligne du second Flanc*.

Ligne du second Flanc.

La Courtine F A sera de cinquante-deux thoises deux tiers.

Le Rampart & la Ruë joignante marquée P Q, & qui separe les logis d'auec iceluy Rampart, estants de vingt-trois thoises, (comme en la precedente) la ligne M R de cent dix thoises, & Q R de quarante thoises, le contenu du Triangle sera de quatre mils quatre cents thoises: le quart osté pour la place du Marché, & grandes Ruës: resteront trois mils trois cents thoises.

Tellement que ceste forteresse ayant pour habitans neuf cents hommes, chacun d'iceux aura entre-trois thoises de place pour bastir: & la garnison estant de dixhuict cents Soldat, auec cinq Baslardes, & enuiron quatre Moyennes: ceste place resistera à vne Armée de dix-huict mils hommes, & dix-huict Canons.

Si le premier Flanc est posé de vingt-six thoises, il sera aisé de cognoistre la mesure des autres lignes, dont la principale est celle de defence, qui sera de cent dix-huict thoises ou enuiron: Et la place enclose, de six mils deux cents quarante thoises, (le Rampart & Ruë joignant estans augmentez en mesme proportion:) le quart desquelles leué pour la place du Marché, & grandes Ruës: resteront quatre mils six cents quatre-vingts thoises: & sera pour chacun habitant peu moins de quarante-sept thoises.

Le surplus, tant de la Fortification, (comme Portes, Ponts, largeur de Fossez, Contrescarpes, Couridors, Orillons, hauteurs de Murailles, Ramparts & Parapets) que des autres commoditez, se fera selon qu'il a esté declaré cy-deuant, & auec les proportions requises.

Bastion dans vne Tenaille.

Ceste Figure est la premiere qui a son Bastion dans vne Tenaille, c'est à dire, que les lignes de defence procedantes d'vn mesme Bastion, font vn Angle flancquant au milieu d'iceluy: Et ainsi en sera de toutes les autres Figures suiuantes, pourueu qu'elles ayent l'Angle flancqué seulement droict.

Ceste façon de fortification me semble deuoir estre preferée a celle qui rend l'Angle flancquant plus ouuert, tant pour-ce que l'vn des Bastions estant ruyné, les deux voisins se peuuent flancquer l'vn l'autre, qu'à cause des Pands. qui sont telle Tenaille & Angle, qu'en defaut des Flancs actuels, ils se defendent si bien, qu'il semble que ce soit offension continuelle contre les assaillants: Ce qui ne se fait aux autres, qui ont l'Angle flancqué obtus & defendu seulement d'vn simple flanc.

En ce present dessein i'ay tracé tant la place du Marché, que les Ruës, & leurs Carrefours, en Angles droits, non pour astaindre aucun à ceste forme, si ce n'est que la commodité de la structure des maisons soit à preferer aux Ruës, qui autrement deuroient respondre à chacun Bastion, (comme nous auons dict des autres par cy-deuant:) Mais ceste commodité n'est pas petite, principalement aux forteresses Regulieres, desquelles le nombre des Angles est impair: Et en ce cas faut tracer lesdites Ruës en sorte que si elles ne respondent aux Bastions, du moins qu'elles en approchent aucunement.

Ie laisse donc ce departement de Ruës, places de Marché, & Carrefours, comme aussi des autres Figures suiuantes, au jugement de l'Ingenieur, & au gré de celuy qui fait bastir.

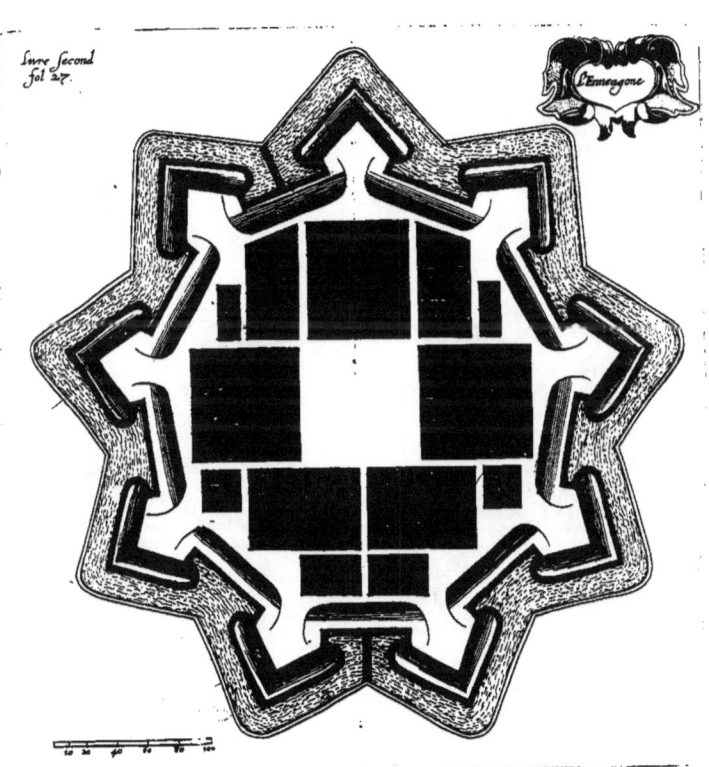

de Fortification.

DE LA CONSTRVCTION DV DECAGONE.

CHAPITRE X.

SOit proposé à fortifier la Figure de dix Angles, appellée Decagone. Soit décrit comme és precedentes le Triangle Isoscele G H I, ayant l'Angle du Centre H de trente-six degrez, & chacun des Angles de la Baze de septante-deux : Puis soit fait l'Angle H G B de quarante-cinq degrez : Apres soit faire la ligne G F égale à I B, & tirée la ligne I F : Faut diuiser l'Angle H G B en deux également par la ligne G A : & du point A tirer vne perpendiculaire A C, qui sera la ligne du Flanc, & qui coupera la longueur du pand de Bastion G C : Puis soit prise la ligne B K égale à F A : I L égale à G C : Apres tirée l'autre ligne du Flanc K L, & la Courtine. A K : Et ainsi sera décrite la fortification d'vn des costez du Decagone par les deux demy Bastions G C A, & I L K, faisant la dixiéme partie de la Figuere entiere.

Pour le regard de l'Orillon rond, & de la seconde ligne du Flanc, qui tombe en Angle droict sur l'extremité de la Courtine ; Faudra suiure ce qui en a esté décrit en la Construction de la Figure precedente, comme aussi pour les autres suiuantes.

Que si l'eschelle est faicte sur vingt-trois thoises, qui est le contenu de la ligne du Flanc, on aura la mesure de toutes les autres lignes proportionnées sur icelle : en sorte que la ligne de defence sera d'enuirō cent thoises, qui est la portée de l'Harquebuze.

Et si elle est augmentée & posée de vingt-sept thoises, toutes les lignes seront proportionnées en sorte que la ligne de defence sera d'enuiron cent dixsept thoises, qui est la portée du Mousquet.

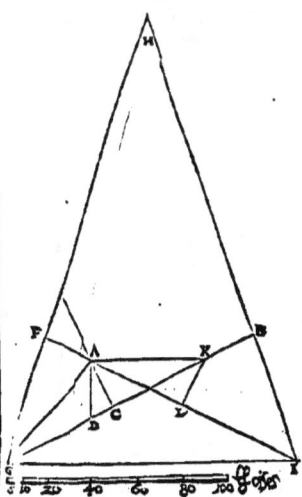

DE LA

Second Liure

DE LA DEMONSTRATION
DE DECAGONE.
CHAPITRE XI.

'Autant que par la neufiéme du treiziéme d'Euclide, le costé de l'Hexagone, & le costé du Decagone, (inscrits en vn mesme Cercle) composez, toute la ligne droicte sera couppée entre les deux extremes; le costé du Decagone sera donc au costé de l'Hexagone, quasi comme trente-sept & demy à soixante. Et qui pourra descrire le Pentagone comme Euclide le monstre en la vnziéme proposition du quatriéme, pourra aussi facilement descrire le Decagone.

L'Angle du Centre H de ceste Figure sera de trente-six degrez; l'Angle flancqué estant droict, le flancquant D I E sera de cent vingt-six degrez. Et suiuant le progrez des demonstrations precedentes, si le premier Flanc A B est posé de vingt-trois thoises, A L, Estantes égales, & chacune de 23 thoises, la ligne F A sera d'enuiron trente-deux thoises trois quarts; & la ligne F B, ou D B, de cinquante-cinq thoises trois quarts: Le second A C sera d'enuiron vingt-cinq thoises. Le pand du Bastion D C, de quarante-cinq thoises, La ligne de defence D G, de cent thoises, & peu plus. De pointe de Bastion à autre, D E, enuiron cent vingt-neuf thoises. Et le Rampart auec sa Ruë de vingt-trois thoises, estant leué, restera pour la place enclose enuiron cinq mils quatre cents thoises: Le quart de cela osté pour les places du Marché, pour les grandes Ruës, resteront quatre mils cinquante thoises pour bastir les logis. Cela multiplié par dix, sera quarante mils cinq cents thoises, qui sera (les habitans estans à raison de cent pour vn Bastion, comme il a esté dit) pour chacun cinquante thoises. Et par ainsi la forteresse ayant sa Garnizon de deux mils Soldats, auec deux Canons, (ou la valeur) resistera à vne Armée de vingt mils hommes & vingt Canons.

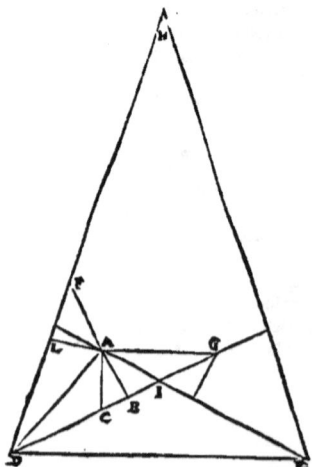

Et si le premier Flanc est posé de vingt-sept thoises; la ligne de defence sera d'enuiron cent dix-sept thoises. La place à bastir pour chacun habitant (toutes choses déduites comme és precedentes) d'enuiron cinquante-sept thoises.

Au surplus, les Orillons quarrez ou ronds, & Cazemates, se feront selon que l'Angle flancquant le permet, & comme la Figure le demonstre, suiuant ce qui a esté enseigné cy-deuant: Comme en semblable, les Fossez, Contrescarpes, Couridors, Portes, & Ponts.

DE LA

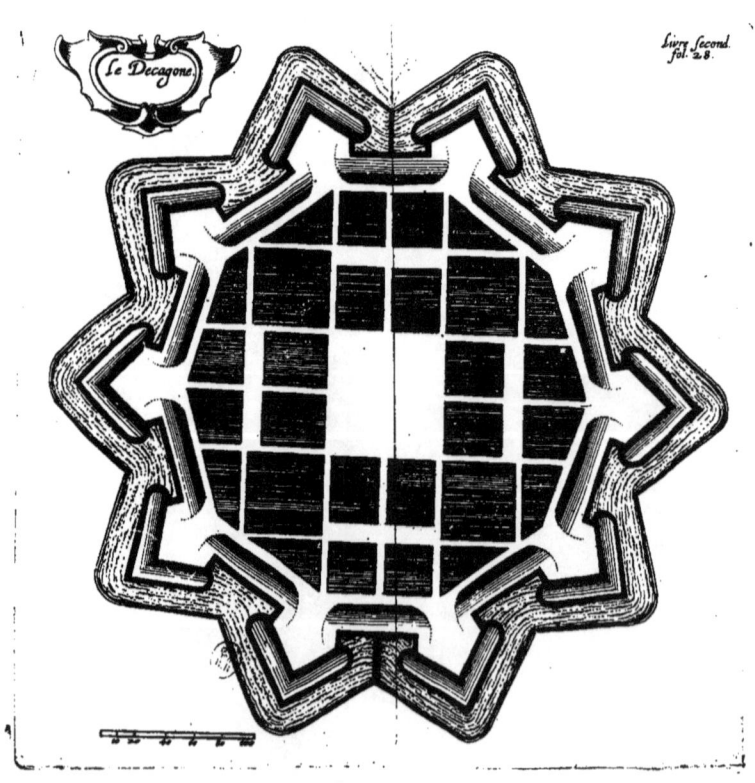

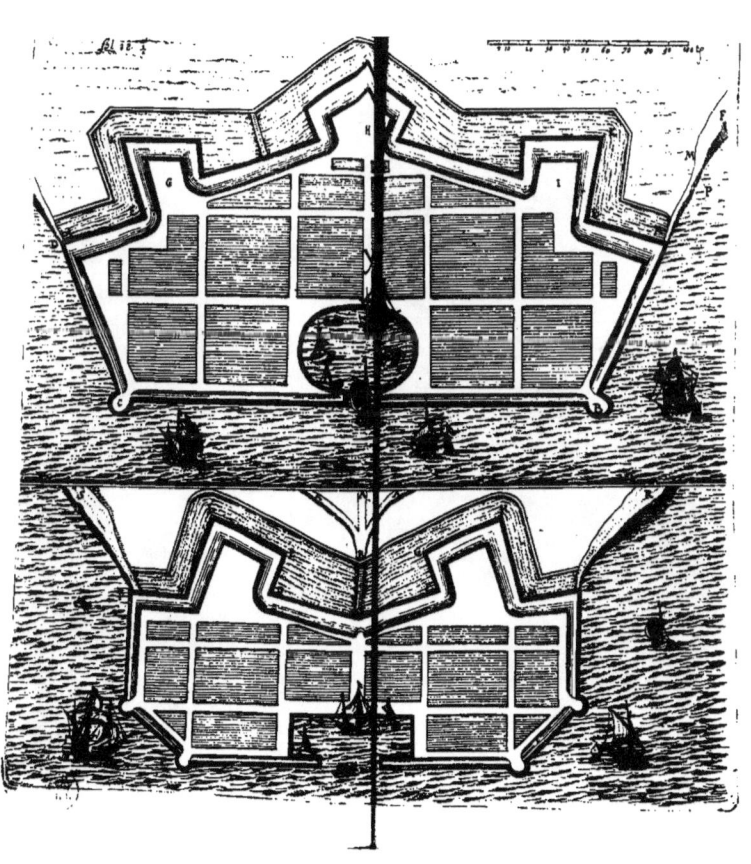

de Fortification.

DE LA CONSTRVCTION
DE L'ENDECAGONE.
CHAPITRE XII.

OVR construire & tracer l'Endecagone, qui est vne Figure de vnze Angles, & vnze costez : Ayant diuisé trois cents soixante degrez par vnze, le Quotient trente-deux & huict vnziesmes sera l'Angle du Centre.

Soit décrit le Triangle Isoscele de deux demy diametres V O & V F, & le costé de l'Endecagone O F, pour Baze : Chacun Angle sur icelle sera de septante-trois degrez sept vnziesmes : Puis soit pris l'Angle V O E de quarante-cinq degrez, comme és precedentes : Apres soit faite la ligne O X esgale à F E, & tirée la ligne F X : Soit diuisé l'Angle X O M en deux esgalement par la ligne O L, & du point L soit tirée la perpendiculaire sur la ligne O E, comme L M, qui sera la ligne du Flanc coupante la longueur du party de Bastion O M : Puis soit prise R E esgale à X L, & tirée la Courtine L R : Soit aussi prise F S esgale à O M, & tirée R S : Par ainsi on aura le costé de l'Endecagone fortifié suiuant les maximes deuant dites.

Que si on desire tirer la ligne du Flanc en Angle droict sur la Courtine : faudra prendre la ligne T N esgale à T L : Et du point L au point N, tirer la ligne L N : & icelle sera la ligne du second Flanc, laquelle estant posée de vingt-cinq thoises, & faisant vne eschelle sur ceste quantité : On trouuera toutes les autres lignes de la Fortification proportionnees sur icelle : En sorte que la ligne de defence sera d'enuiron cent thoises, qui est la portée de l'Harquebuze.

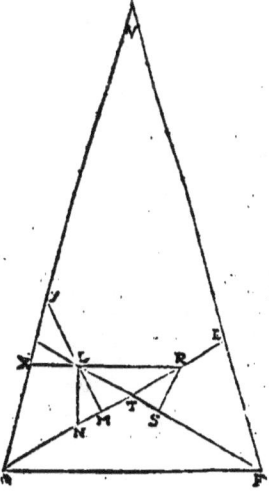

H DE LA

Second liure

DE LA DEMONSTRATION
DE L'ENDECAGONE.

CHAPITRE XIII.

E costé de l'Endecagone O F est au demy-diametre de son Cercle VF, quasi comme cent vingt-sept à deux cent vingt-sept : Nous n'en auons rien de precis, & ne se trouue que mechaniquement.

L'Angle du Centre sera de trente-deux degrez huict vnziémes. L'Angle flancqué estant droict, le flancquant M T S sera de cent vingt-deux degrez huict vnziémes.

Le premier flanc L M posé de vingt-quatre thoises, la ligne L X, & XY estantes égales à la mesme L M, par les demonstrations precedentes ; Y L sera d'enuiron trente-quatre thoises : Et Y M, ou M O, pand du Bastion, d'enuiron cinquante-huict thoises : La ligne de defence O R, d'enuiron cent thoises.

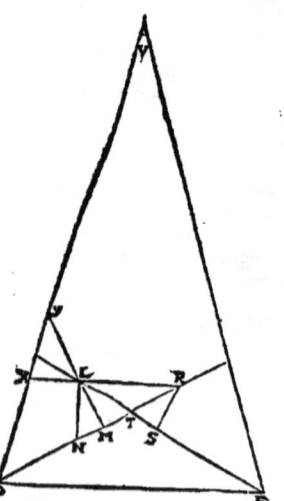

Le Rampart auec sa Ruë, de vingt-trois thoises, rabatu du contenu de la place, le surplus montera enuiron à six mils cent thoises : Le quart déduit pour les places de Marché & grandes Ruës, restera à bastir pour les habitans quatre mils cinq cents septante-huict thoises, qui est à chacun plus de quarante-cinq thoises.

Le surplus tant de la Fortification que commoditez des habitans, se fera selon les preceptes ja décrits, & comme l'Angle flancquant le donnera. Et pourra ceste forteresse resister à vne Armée de vingt-deux mils hommes, & vingt-deux Canons.

Or il a esté dit cy-deuant que la commodité des logis des habitans estoit à preferer à la ligne de defence de cent thoises : Maintenant que ceste Figure fournit à chacun quarante-cinq thoises quarrées, (qui est vne espace pour bien & commodément bastir) estant reduites soubs deux lignes, sçauoir quatre thoises de largeur, & quasi douze de longueur ; Ie ne suis point d'auis de prolonger la ligne de defence, pour augmenter la place ; Ioint qu'aux autres Figures suiuantes l'espace s'augmentera tousiours de quelque peu : Par ainsi donc je ne feray aucune seconde demonstration, & demeurera la ligne de defence tousiours en sa mesme longueur de cent thoises, tant en ceste Figure qu'aux autres suiuantes : Demeurant neantmoins tousiours la puissance à l'Ingenieur, de la prolonger, si le cas y escheoit, pour la commodité tant des habitans que de la Garnizon.

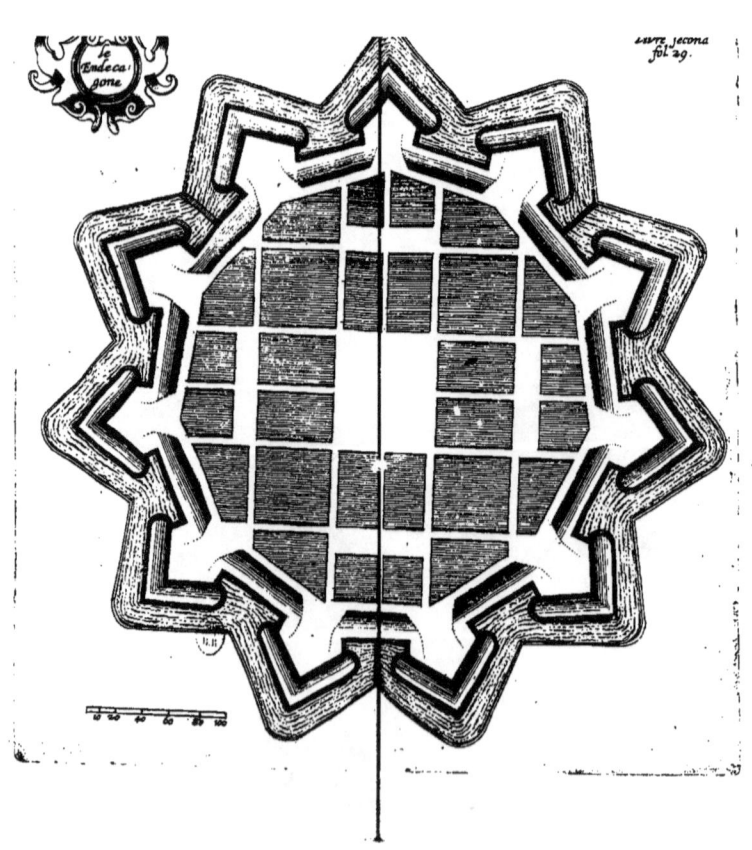

de Fortification. 29

DE LA CONSTRVCTION DV DYODECAGONE.

CHAPITRE XIIII.

POVR conſtruire & tracer la Fortification du Dyodecagone, qui eſt vne Figure Reguliere de douze Angles, & douce coſtez eſgaux : faut diuiſer, comme és precedentes, trois cents ſoixante degrez par le nombre des coſtez douze, & le Quotient trente ſera l'ouuerture de l'Angle du Centre.

Apres ſoit décrit vn Triangle Iſoſcele, ayant deux demy diametres I C & I D pour coſtez, comprenans l'Angle du Centre I, & pour Baze le coſté de la Figure propoſee C D:

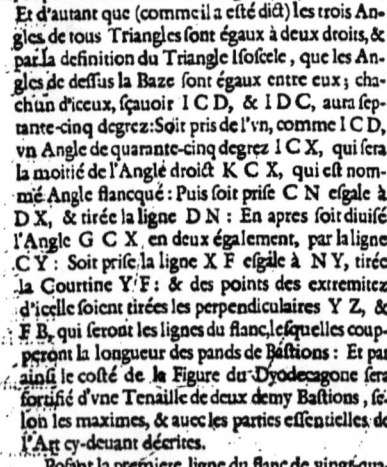

Et d'autant que (comme il a eſté dict) les trois Angles de tous Triangles ſont égaux à deux droits, & par la definition du Triangle Iſoſcele, que les Angles de deſſus la Baze ſont égaux entre eux; chaſcun d'iceux, ſçauoir I C D, & I D C, aura ſeptante-cinq degrez: Soit pris de l'vn, comme I C D, vn Angle de quarante-cinq degrez I C X, qui ſera la moitié de l'Angle droict K C X, qui eſt nommé Angle flancqué : Puis ſoit priſe C N eſgale à D X, & tirée la ligne D N : En apres ſoit diuiſé l'Angle G C X en deux également, par la ligne C Y : Soit priſe la ligne X F eſgale à N Y, tirée la Courtine Y F : & des points des extremitez d'icelle ſoient tirées les perpendiculaires Y Z, & F B, qui ſeront les lignes du flanc, leſquelles couperont la longueur des pands de Baſtions : Et par ainſi le coſté de la Figure du Dyodecagone ſera fortifié d'vne Tenaille de deux demy Baſtions, ſelon les maximes, & auec les parties eſſentielles de l'Art cy-deuant décrites.

Poſant la premiere ligne du flanc de vingt-quatre toiſes vn quart, & faiſant l'eſchelle ſur ceſte quantité : on aura toutes les autres lignes de la Fortification proportionnées ſur icelle : en ſorte que la ligne de defence ſera de la portee de l'Harquebuze, comme es autres Figures ſuiuantes.

H ij   DE LA

Second liure

DE LA DEMONSTRATION
DV DYODECAGONE.

CHAPITRE XV.

E costé du Dyodecagone D C au demy diametre I D, peut estre quasi comme vingt-neuf à cinquante-six : & qui faict l'Hexagone, peut facilement décrire le Dyodecagone : Il a l'Angle du Centre C I D de trente degrez.

L'Angle flancquant K C L estant droict, le flancquant C A D luy estant égal, & à celuy du Centre, (comme dict est) sera de cent vingt degrez.

La premiere ligne du flanc Y Z posée de vingt-quatre thoises vn quart, les lignes Y G, & G E estantes égales à icelle, E Y sera de trente-quatre thoises vn quart, & la toute E Z égale à C Z, pand de Bastion, de cinquante-huict thoises & demye : La seconde ligne du flanc Y L sera de vingt-huict thoises ; & le pand de Bastion L G de quarante-quatre thoises & demye : La Courtine Y F. de quarante-huict thoises & demye, & la ligne de defence de cent thoises & demye : De pointe de Bastion à autre C D cent vingt quatre thoises.

Le Rampart auec sa Ruë de vingt-trois thoises leuez, le residu de la place montera enuiron six mils huict cens huictante thoises : Le quart leué pour la place du Marché, & grandes Ruës, resteront cinq mils cent soixante thoises, qui sera pour chacun habitant cinquante & vne thoises & demye, qui est six thoises plus qu'en la precedente.

Ainsi ceste place munie, selon les proportions deuant dictes, resistera à vne Armée de vingt-quatre mil hommes, & vingt-quatre Canons.

DES AV-

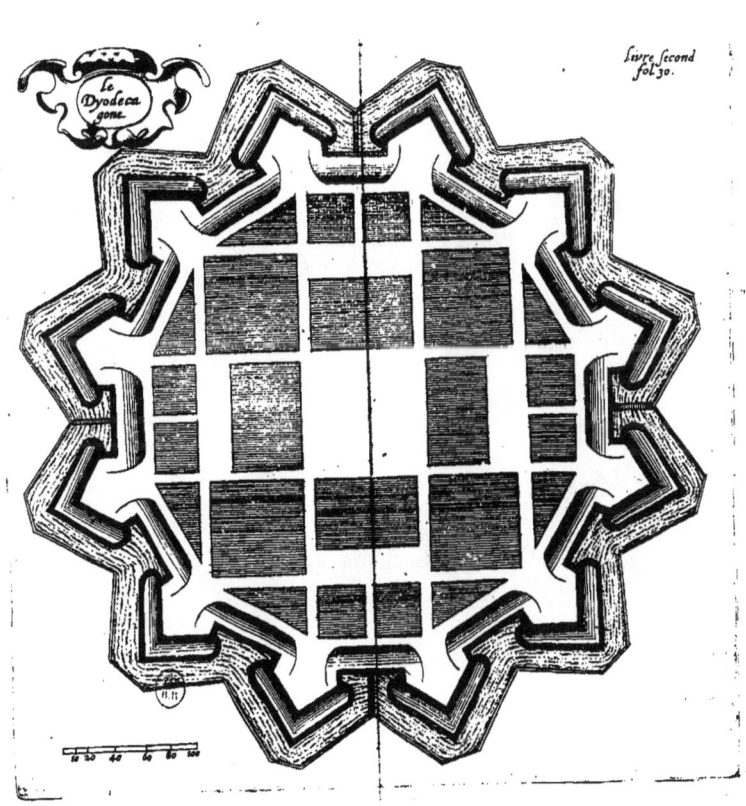

de Fortification.

DES AVTRES FI-
GVRES REGVLIERES DE-
PVIS DOVZE ANGLES IVSQVES A
VINGT-QVATRE.

DE LA FIGVRE DV TREIZE ANGLE.

CHAPITRE XVI.

ES Demonstrations des Figures precedentes donnent assez à cognoistre comment il faudra proceder és suiuantes: Et pourtant je de clareray sommairement ce qui se peut dire de chacune, afin d'éuiter prolixité.

Soient donc posés tous les Angles flancquez droits.

En la Figure nommée en François Treize-Angles, on n'a point trouué la raison du Diametre au Costé; d'autant qu'il est incommensurable: comme sont aussi les costez des autres Figures suiuantes, auec leurs Diametres. Nous en dirons donc au plus pres ce qu'il sera possible, sans nous arrester neantmoins aux supputations si longues & penibles.

Ceste Figure de Treize-Angles ayant l'Angle du Centre de vingt-sept degrez neuf treiziémes; le flancquant égal à iceluy, & au flancqué, sera de cent dix-sept degrez neuf treiziémes.

Les Angles des Costez (c'est à dire de dessus la Baze) chacun de septante-six degrez deux treiziémes.

Ayant son premier flanc de vingt-cinq thoises, le second sera d'enuiron trente.

Sa ligne de defence de cent thoises.

De pointe de Bastion à autre, cent vingt-deux thoises.

Quant aux places & ruës, il ne sera pas mauuais de les départir d'vne autre façon que les precedentes: sçauoir en faisant trois ou quatre places de marché quarrées, & tirant les ruës selon celles places, si on iuge que cela apporte plus de commodité: (pourueu neantmoins que les places & ruës ne contiennent que le quart de tout l'enclos dans les Ramparts, pour les raisons auant dictes).

H iij

Second liure.

Ie ne montre qu'vne partie de la Fortification de chacune place des suiuantes, (pour ne point faire trop gros volume) laquelle suffira neantmoins pour l'intelligence de toutes les Figures entieres; d'autant qu'elles sont proportionnées.

Au reste, il sera bon en ces grandes Villes faire les Ramparts de la Courtine & la rüe joignant de vingt-cinq thoises de largeur, qui sont deux thoises plus qu'és precedentes; afin que les commoditez, tant des charrois, que des retranchemens, & moyens d'y planter arbres, pour l'vtilité publique, soient plus grandes.

Ainsi ceste forteresse, & les autres suiuantes munies, resisteront aux Armées proportionnées, comme il a esté dict des precedentes.

Ie n'ay point parlé des Espaules, Orillons quarrez, ou ronds, ny des Cazemates; d'autant qu'on tient encor' en dispute, si és grandes Villes (qui ont leurs Bastions fort spatieux, & les Flancs fort amples, comme en celle-cy) il est necessaire d'y faire tous ces ouurages particuliers, qui sont de grands cousts & fraiz, & pénibles pour les Rondes. Ou bien si on se doit contenter de ceste ligne du second Flanc, qui couste moins, accourfit le circuit, & fournit potentiellement vne mesme defence à l'Angle flancqué.

Là dessus neantmoins mon aduis seroit de prendre ce dernier, pour les raisons deuant dites: Mais pour éuiter la dépence de l'excessiue largeur de Fossé, causée de la grande estendüe de ce second Flanc, ie le voudroye restraindre à vingt, ou vingt-deux thoises; Par ce moyen icelle largeur de Fossé seroit grandement diminuée, & par consequent la despence: Et au lieu d'vn Flanc Razant, on auroit vn Flanc Fichant: ainsi qu'il se verra par les Courtines tracées de petits ponts. Toutesfois cecy demeurant indecis, ie ne laisseray point de tracer en ceste Figure, & és autres suiuantes, toutes ces façons & methodes de Fortification, pour le contantement de ceux qui se delecteront à telles recherches.

Ceste Figure a deux Bastions dans vn Angle flancquant, comme ont aussi les deux autres suiuantes.

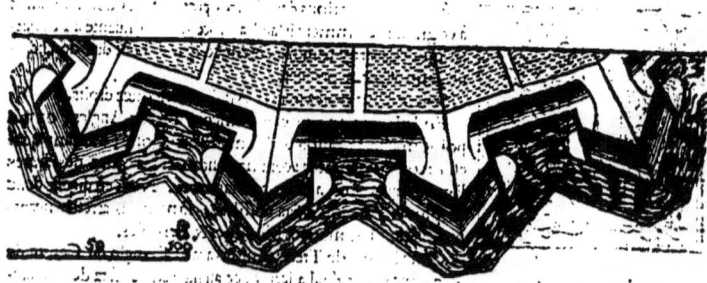

DE LA

de Fortification.

DE LA FIGVRE DV QVATORZE-ANGLE:

CHAPITRE XVII.

LA Figure du Quatorze-Angle ayant l'Angle du Centre de vingt-cinq degrez cinq septièmes, l'Angle flancquant sera de cent quinze degrez cinq septiesmes.

Les Angles de dessus la Baze chacun de septante-sept degrez vn septième.

Son premier Flanc estant de vingt-cinq thoises, sa ligne de defence sera plus de cent thoises.

De pointe de Bastion à autre, enuiron cent vingt thoises.

Le costé au Diametre est incommensurable, & se faut seruir de l'Heptagone pour rechercher la mesure plus precise.

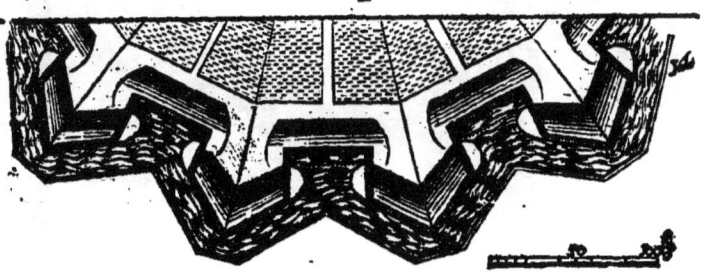

DE LA

Second Liure

DE LA FIGVRE DV
QVINZE ANGLE.

CHAPITRE XVIII.

LA Figure du Quinze-Angle aura l'Angle du Centre de vingt-quatre degrez.

L'Angle flancquant sera de cent quatorze degrez.

Les Angles de dessus la Baze chacun de septante-huict degrez.

Son premier Flanc estant peu plus de vingt-cinq thoises ; Sa ligne de defence sera d'enuiron cent thoises.

De pointe de Bastion à autre, cent vingt thoises.

Le costé au Diametre est incommensurable, & se faut seruir du Pentagone, ou Decagone, Lesquelles Figures faut bien examiner, pour approcher la mesure plus precise de celle-cy.

DE LA

DE LA FIGVRE DV SEIZE-ANGLE.

CHAPITRE XIX.

E seiz° Angle ayant l'Angle du Centre de vingt-deux degrez & demy, les Angles de deſſus la Baze du Triangle Iſoſcele fait ſur le coſté de la Figure, ſeront chacun de ſeptante-huict degrez trois quarts.

L'Angle flancquant de cent douze degrez & demy.

Son premier flanc eſtant poſé de vingt-ſix thoiſes, le pand du Baſtion ſera de ſoixante thoiſes trois quarts, & la ligne de defence de nonante-neuf thoiſes vn quart.

De pointe de Baſtion à autre enuiron cent vingt thoiſes.

L'eſpace pour baſtir en ceſte ſeiziéme partie (le Rampart & ſa Ruë de vingt-cinq thoiſes de largeur déduits) ſera enuiron ſept mils cinq cents thoiſes, qui eſt pour chacun habitant ſeptante-cinq thoiſes.

Le coſté au Dyamétre eſt incommenſurable, comme és Figures ſuiuantes.

Ceſte Figure a trois Baſtions ſur vne ligne droite.

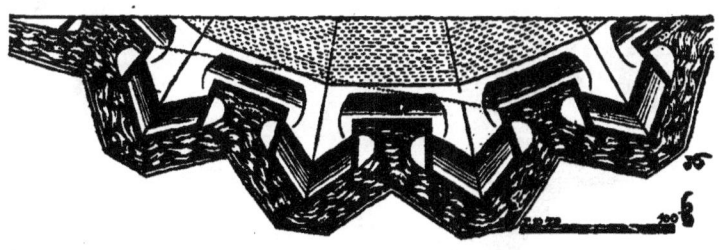

I   DE LA

Second liure

DE LA FIGVRE DV
DIX-SEPT ANGLE.

CHAPITRE XX.

A Figure du dix-sept Angle, par les reigles predites, a l'Angle du Centre de vingt & vn degrez trois dix-septiémes : Et d'autant que les trois Angles de tous Triangles sont égaux à deux droits, & que les Angles de dessus la Baze d'vn Triangle Isoscele sont égaux entre eux, chacun d'iceux sera de septante neuf degrez sept dix-septiémes ; adjoustant l'Angle flanqué de nonante degrez, auec l'Angle du Centre, sera pour l'Angle flanquant cent vnze degrez trois dix-septiémes.

Son premier flanc estant posé de vingt-six thoises, le pand de Bastion seroit de soixante-deux thoises. Mais à cause du second flanc, le pand du Bastion ne sera que de quarante-cinq thoises.

Sa ligne de defence d'enuiron cent deux thoises.

De pointe de Bastion à autre peu moins de cent vingt thoises.

Ceste Figure a trois Bastions dans vn Angle, comme ont aussi les deux suiuantes.

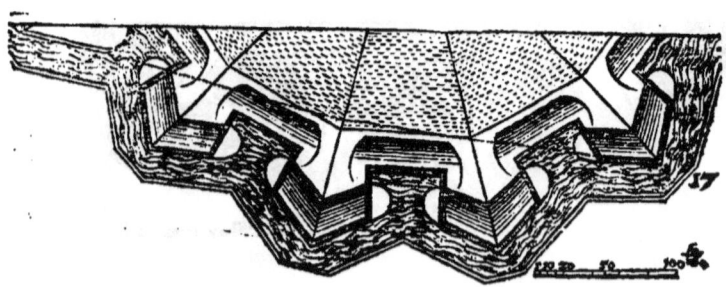

DE LA

de Fortification.

DE LA FIGVRE DV DIX-HVIT ANGLE.

CHAPITRE XXI.

LA Figure du dix-huit Angle a l'Angle du Centre de vingt degrez.

Les Angles de deſſus la Baze du Triangle Iſoſcele fait ſur le coſté d'icelle Figure, chacun de huictante degrez.

L'Angle du Centre adjouſté auec l'Angle flanqué, ſera cent dix degrez pour l'Angle flanquant.

Son premier flancq eſtant poſé de vingt-ſix thoiſes & demye, le pand de Baſtion, depuis la pointe d'iceluy juſques au ſecond flanc, ſera de quarante & vne thoiſes.

Sa ligne de defence ſera d'enuiron nonante thoiſes.

De pointe de Baſtion à autre quaſi cent dix thoiſes.

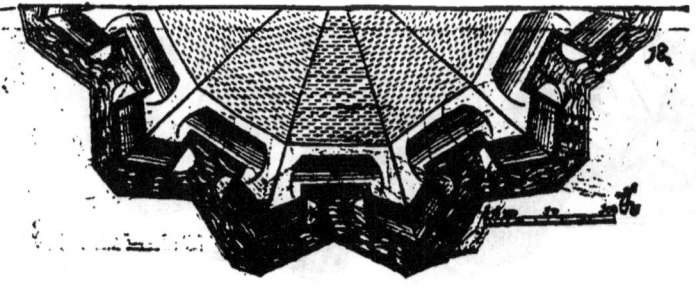

DE LA

Second Liure

DE LA FIGVRE DV
DIX-NEVF ANGLE.

CHAPITRE XXII.

LA Figure du dix-neuf Angle a l'Angle du Centre de dix-huict degrez, dix-huict dix-neufiéme de degrez.

Les Angles de deſſus la Baze du Triangle Iſoſcele fait ſur le coſté de la Figure, chacun de huictante degrez vingt trente-huictiéme de degrez.

L'Angle flanqué eſtant poſé droit (comme il a eſté dit) le flanquant ſera de cent huict degrez, dix-huict dix-neufiéme de degrez.

Son premier flanc eſtant poſé de vingt-ſix thoiſes & demye, comme en la Figure precedente, ſa ligne de defence ſera enuiron de cent thoiſes, & peu plus.

De pointe de Baſtion à autre enuiron cent dix-huict thoiſes & demye, & les autres lignes à proportion.

DE LA

de Fortification.

DE LA FIGVRE DV
VINGT ANGLE.

CHAPITRE XXIII.

LA Figure du vingt Angle ayant l'Angle du Centre de dix-huict degrez, par les reigles predites ; les Angles de dessus la Baze seront chacun de huictante & vn degrez.

L'Angle flanqué droit adjousté auec celuy du Centre, feront ensemble l'Angle flanquant de cent huict degrez.

La ligne du premier flanc estant posée de vingt-six thoises & demye, sur laquelle est proportionnée la mesure de toutes les autres lignes de la Fortification (comme il a esté dit cy-deuant) Le pand de Bastion, pris au second flanc, sera d'enuiron quarante-cinq thoises.

Sa ligne de defence peu plus de cent thoises.

De pointe de Bastion à autre cent dix-huict thoises.

L'espace à bastir, à raison de deux mils habitans, sera pour chacun nonante-six thoises.

Ceste Figure a quatre Bastions sur vne ligne droicte.

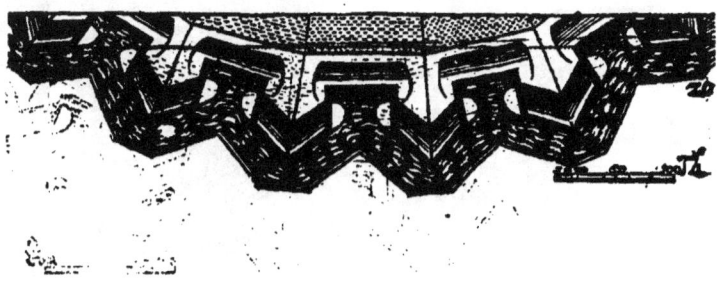

I iij　　　　DE LA

Second Liure

DE LA FIGVRE DV VINGT-VN ANGLE.

CHAPITRE XXIIII.

LA Figure du vingt-vn Angle a son Angle du Centre de dix-sept degrez & vn septiéme de degrez.

Les Angles de dessus la Baze du Triangle Isoscele chacun de huictante & vn degrez, & trois septiémes de degrez.

Son Angle flanquant se trouuera estre de cent sept degrez & vn septiéme de degrez.

La ligne du premier flanc (qui est celle qui se tire de l'extremité de la Courtine en Angle droit sur le pand du Bastion) estant posée de vingt-six thoises trois quarts de thoises; le pand de Bastion, pris à la ligne du second flanc, sera d'enuiron quarante-trois thoises.

Sa ligne de defence sera enuiron cent thoises.

De pointe de Bastion à autre peu moins de cent dix-huict thoises.

Ceste Figure a quatre Bastions dans vn Angle.

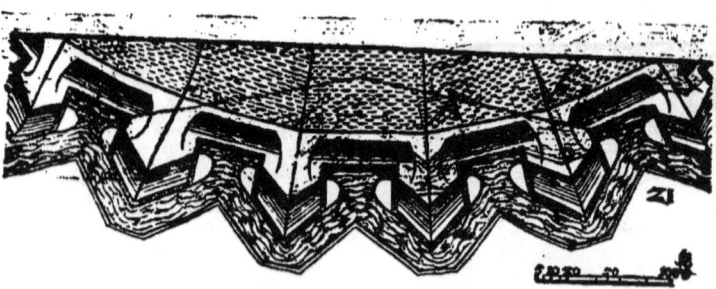

DE LA

de Fortification.

DE LA FIGVRE DV VINGT·DEVX ANGLE.

CHAPITRE XXV.

A Figure de vingt-deux Angle, en diuifant trois cents foixante degrez par le nombre des coftez vingt-deux, le Quotient feize & quatre vnziémes fera l'ouuerture de l'Angle du Centre, auquel eftant adjoufté nonante degrez, qui eft l'Angle flanqué, le produit fera cent fix degrez quatre vnziémes pour l'Angle flanquant.

Les Angles de deffus la Baze du Triangle Ifofcele fait fur icelle, qui eft le cofté de la Figure, auront chacun huictante vn degrez & neuf vnziémes.

Son premier flanc eftant pofé de vingt-fix thoifes trois quarts, fa ligne de defence fera d'enuiron cent thoifes.

De pointe de Baftion à autre cent dix-fept thoifes & demye.

Cefte Figure a (comme la precedente & fuiuante) quatre Baftions dans vn Angle.

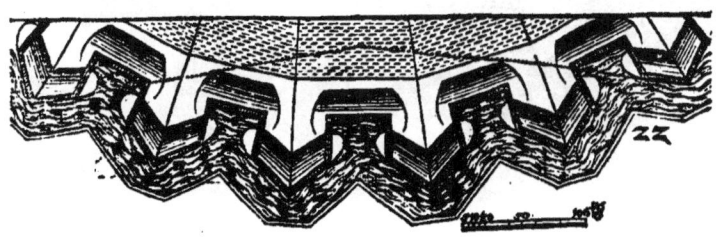

DE LA

Second Liure

DE LA FIGVRE DV
VINGT-TROIS ANGLE.

CHAPITRE XXVI.

LA Figure du vingt-trois Angle ayant l'Angle du Centre de quinze degrez, & quinze vingt-troisiémes de degrez, chacun Angle de dessus la Baze du Triangle Isoscele sera de huictante-deux degrez & quatre vingt-troisiémes de degrez.

L'Angle flancqué estant adjousté à celuy du Centre, sera pour l'Angle flancquant cent cinq degrez & quinze vingt-troisiémes de degrez.

La ligne du premier flanc estant posée de vingt-sept thoises, le pand de Bastion (pris comme dit est) sera d'enuiron quarante-quatre thoises.

Sa ligne de defence sera de cent thoises.

De pointe de Bastion à autre enuiron cent dix-huict thoises.

Ceste Figure a aussi quatre Bastions dans vn Angle, comme ses precedentes.

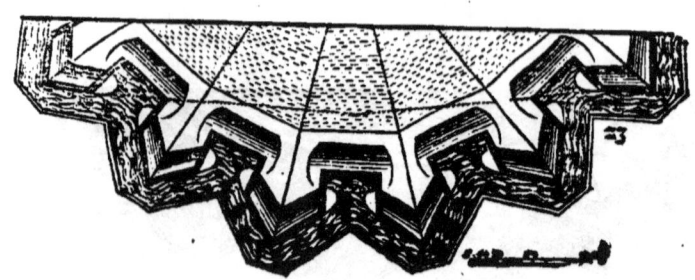

DE LA

de Fortification. 36

DE LA FIGVRE DV VINGT-QVATRE ANGLE.

CHAPITRE XXVII.

A Figure du vingt-quatre-Angle a l'Angle du Centre de quinze degrez.

L'Angle flancquant de cent cinq degrez.

Les Angles de dessus la Baze chacun de huictante-huict degrez & demy.

Son premier Flanc estant posé de vingt-sept thoises, Sa ligne de defence sera de cent thoises.

De pointe de Bastion à autre, enuiron cent seize thoises.

L'espace à bastir, à raison de deux mils quatre cents habitans, suiuant les proportions predites, sera pour chacun (toutes choses déduites) enuiron cent thoises.

Ceste Figure a cinq Bastions sur vne ligne droicte, comme il se voit par la ligne tracée de petits points.

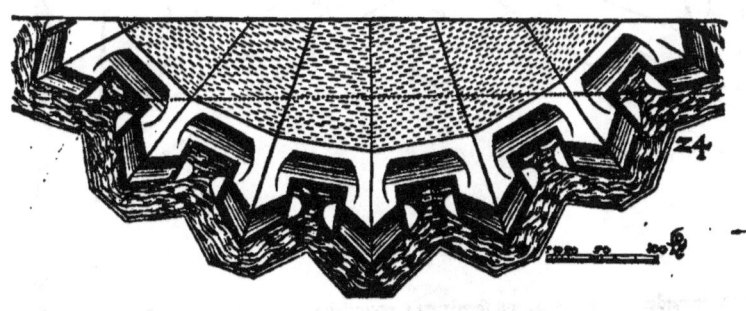

K DES

Second Liure

DES CONTREGARDES ET
PIECES DETACHEES ES
PLACES REGVLIERES.

CHAPITRE XXVIII.

PAR le discours des Figures Regulieres, cy-deuant décrites, il est aisé à cognoistre combien grandement ont erré, & errent encor' ceux qui par certaines pieces appellées Contre-gardes, & autres pieces détachées, veulent rendre vne place Reguliere * & taillée en plain drap, meilleure que par sa premiere & simple forme : Car outre la dépence excessiue qu'ils font faire par telles inuentions, ils rendent la place du tout incommode, & qui ne se peut rapporter aucunement aux maximes predites. Comme pour exemple, Posons le costé d'vn Hexagone I H E G K L fortifié selon les preceptes deuant dits, & auec toutes les parties essentielles de l'Art requises, lequel on veut rendre meilleur

Cecy s'entend depuis l'Hexagone en montant.

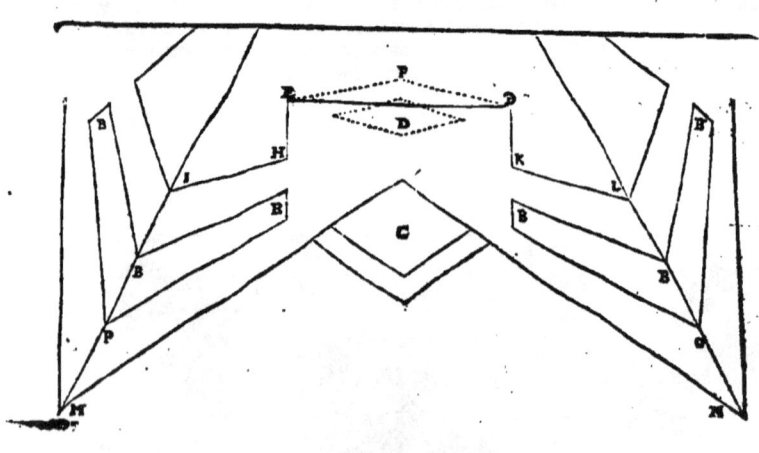

par les Contre-gardes marquées B, qui seruiront à couurir les pands des Bastions & Boulenards, afin de n'estre battus de la Campagne, ou du bord de la Contrescarpe : Et pour garder ces Contre-gardes qui sont flancquées des flancs de la place, soit fait vn Fossé au-deuant d'icelles. Il est bien

de Fortification. 37

est bien éuident que Premierement la ligne de defence G H I estant de la portée du Mousquet, l'autre ligne qui flancque la Contre-garde, comme G B P, ou E B O, sera plus de cent soixante thoises, (c'est à dire, sujette à estre defenduë par l'Artillerie) contre les maximes décrites en ce second Liure. Secondement, si le Fossé du Bastion est de treize thoises, celuy de la Contregarde ne peut moins que la moitié ; & par consequent donne beaucoup plus de terre qu'il n'en faut pour les Ramparts, & qui ne se peut mettre en lieu qui ne nuise beaucoup, causant vne dépence extréme, auec vne longueur de trauail. Tiercement, si les Contre-gardes sont larges, ce sera moyen à l'assaillant de s'y loger seurement, & mesme y placer son Artillerie. Quartement, si elles sont estroittes, elles-coustent beaucoup à reuestir, tant par le dedans, que par le dehors ; & la dépence se trouuera pour le moins double à celle du Bouleuard. Voila donc comme ces Contre-gardes sont contre l'Art de Fortification, en ces places Regulieres : comme sont aussi les autres pieces détachées D & C : Car en celle cotée D, il faut que la Courtine rentre dans la place, & face Angle, comme E F G, & par consequent amoindrir l'espace d'icelle : outre qu'il y faut quelque Fossé qui donne des terres beaucoup à porter : Et ceste façon de Tenaille E F G est (selon aucuns) afin que le Canon n'ait point taht de prise contre la Courtine, & qu'elle soit aucunement couuerte de ceste Islette, ou masse de terre : Et selon d'autres, afin que la place soit mieux flancquée, & que les Retranchements dans les Bouleuards en soient mieux defendus. De ce dernier, il en sera traitté au quatriéme Liure : Du premier, la raison en est fort foible. Chacun sçait aussi qu'vn assaillant bien aduisé se gardera bien d'attaquer la place en cét endroit, ayant si beau jeu par les Contre-gardes B,

Quant à l'autre piece C, elle est autant inutile que les predites, & apporte les mesmes incommoditez, sans mettre en compte les frais des Ponts, ou Bateaux necessaires : Outre qu'elle n'est flancquée du pand de Bastion : & par consequent donne par son petit fossé ouërture & entrée au grand. Ainsi donc il est aysé à conclurre, que les pieces détachées sur places Regulieres, & taillées en plain drap, (sçauoir depuis l'Hexagone en montant) sont plustost imperfections, que Fortifications : comme il sera plus amplement traitté au troisième Liure. Et tout ce discours ne contrarie en rien à ce qui a esté dit au premier Liure, touchant la largeur du Fossé separée en deux par vne petite Terrace : Car là je n'entend ceste Terrace & chemin qui separe iceluy Fossé, que de dix pieds de large seulement, comme dict est, pour rompre le dessein aux assaillants de jetter & couler tout d'vn coup quelque Pont flottant : (par-ce que cecy ne s'entend que pour les Fossez plein d'eau) sans aucunement faire estat de l'esleuer hors d'eau, sinon d'vne bien petite hauteur, pour couurir vn homme, en quelque façon, de la veuë des ennemis seulement.

Second Liure

DE LA FORME DES RE-
TRANCHEMENTS.

CHAPITRE XXIX.

Es Retranchements se font selon la cognoissance qu'on peut auoir du siege, & de la batterie des ennemis.

J'en ay mis icy de sept sortes diuersés, lesquelles seront suffisantes de donner cognoissance & instruction entiere de toutes autres.

Premierement : Quant l'assaillant bat vn seul Bouleuard, comme A, pour y faire bréche, & ruyne seulement le flanc B de l'autre Bouleuard ; il est à presumer qu'il donnera l'assaut au pand non flancqué C D : Et pourtant le meilleur & plus prompt Retranchement se fera en ligne parallele au mesme pand, comme E F, & en sorte que la Cazemate (si elle est de muraille, ou autre bonne matiere) serue de flanc au mesme Retranchement : Au bout duquel, & contre l'autre pand non assailly, on pourra faire quelque logis bas, de pierre, ou bois, comme il est marqué par G, pour seruir de contre-flanc à la mesme Cazemate : mais le tout en sorte que l'ennemy ne puisse approcher ny joindre lesdits flancs, pour les boucher & rendre inutiles. Cét empeschement se pourra faire par le moyen de quelque petit fossé, comme H I, ou legeres pallissades, chaussetrappes, & autres artifices que les assiegez pourront inuenter.

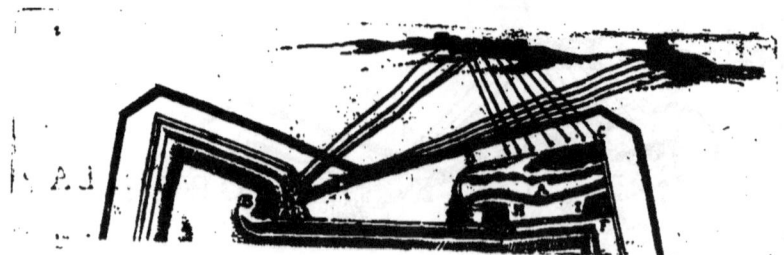

2. Si le

de Fortification. 38

2. Si le Bouleuard est attaqué de deux costez, & à la pointe, comme A B, A C, & les flancs qui le defendent leuez, D & E, & que l'apparence soit que l'ennemy vueille faire sa bréche à l'Angle du Bouleuard A, & non le long des pands, (ce qui se cognoist par la disposition de la batterie:) Alors faudra retrancher en Tenaille, comme G F H, en sorte que les deux espaules, auec les Cazemates, soient possedées des assaillis, afin que l'assaillant tant par sa batterie de dehors, que par son trauail au dedans de ce qu'il peut auoir gaigné, soit contraint faire abandonner ces espaules pour gaigner la gorge du Bastion, ou Bouleuard : & par consequent donner quelque temps aux assaillis pour faire vn autre trauail.

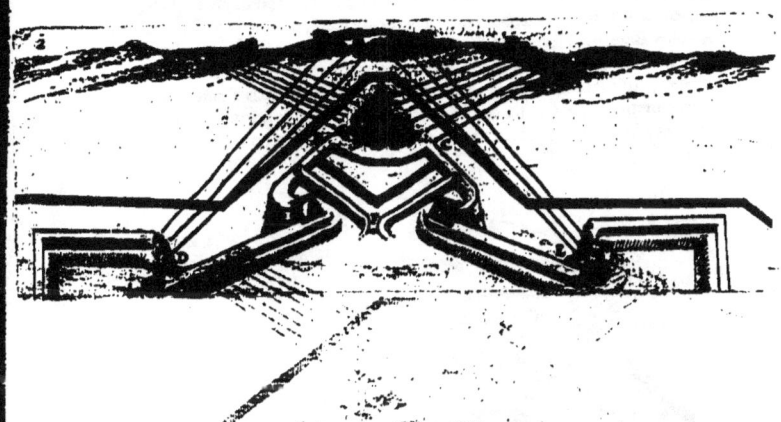

3. Si le Bouleuard est attaqué & battu de deux costez, le long des deux pands C D, C E, & que les Cazemates du mesme Bouleuard soient de bonne matiere, non offencées de la batterie de l'assaillant : le retranchement se pourra faire en Angle saillant & auançant au milieu du Bouleuard, comme au point A, qui sera la continuation des deux Courtines depart & d'autre jointes au mesme point : ou bien [...] les deux Cazemates seruent à le flanquer [...] neantmoins que l'assaillant ne les puisse joindre, ny se loger au pied d'icelles, pour le [...]

K iij

Second Livre

4. Le Bouleuard estant battu de mesme que le precedent, il se pourra faire encore vne autre sorte de Retranchement en Tenaille, à prendre aux flancs de costé & d'autre, comme A B, & C D; en sorte que le Fossé dudit Retranchement responde aux Espaules du Bastion, ou Bouleuard, pour en estre mieux couuert de la batterie du dehors: Car autrement faudra retirer le Retranchement dans le corps de la place, comme la Figure le monstre, & qu'il est marqué par les lettres E F G. Et tant plus l'Angle de ces Retranchements sera serré, & fermé; tant meilleur il sera, pour les raisons décrites au premier Chapitre de ce Liure, parlant des Angles flanquans.

Ceste derniere sorte de Retranchement me semble deuoir estre la premiere en pratique; pource qu'estant faicte & acheuée, il asseure l'endroit du Bouleuard, & laisse la puissance aux assaillis de faire dans iceluy Bouleuard les autres Retranchements ja décrits: Et pourtant sera bon (ayant quelque cognoissance de l'endroit par lequel l'assaillant attaquera la place) de retrancher par dedans en ceste sorte, laissant tout le Bouleuard dehors, ne negligeant pas neantmoins les autres qui retiennent l'ennemy de plus prés, & l'empeschent d'abordée de gaigner le Bouleuard, & de s'en emparer. Cecy soit remis au Chapitre xvii. du troisiéme Liure, où il en sera plus amplement discouru.

5. Que si le Bouleuard estoit tellement battu du costé & d'autre, que l'vn des pands fust tout en bréche, comme A B, & vne partie de l'autre B C, & que le flanc du Bouleuard voisin ne fust ruyné qu'en partie, tellement qu'il peust empescher la defence de la bréche: Alors seroit bon tirer le Retranchement F E, s'accordant suiuant à ligne de la Courtine D F, & razer du tout la Cazemate F du Bouleuard retranché, afin que du Bouleuard voisin, & du derriere de l'Espaule D, on puisse auoir quelque lieu couuert de la batterie du dehors, pour y loger des pieces propres à la defence du Retranchement.

6. Si les

de Fortification.

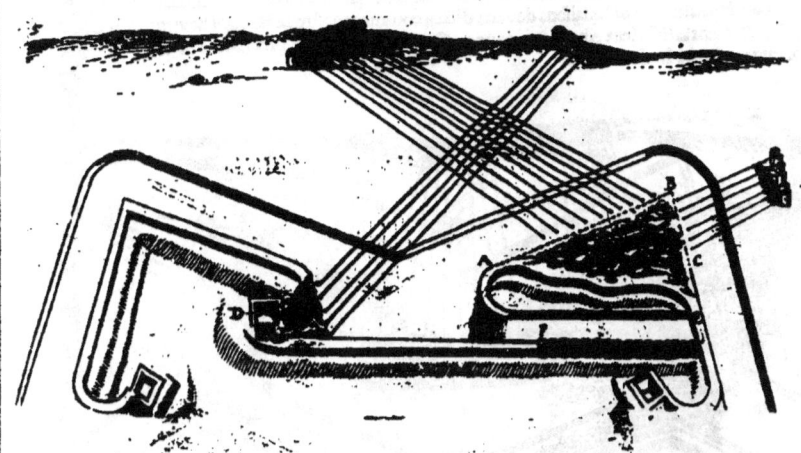

6, Si les deux Boulenards, auec leur Courtine, sont attaquez, & battus ; alors faudra faire le *Retranche-*
Retranchement general en ruynant les maisons plus proches, & le tirant quasi en mesme forme *ments ge-*
que le front de la forteresse : auec ceste consideration neantmoins, que si la batterie ne peut faire *neraux.*
bréche qu'au deux pands A & B, & à la Courtine C, & que l'assaillant n'attaque point les
Boulenards des deux costez, (ce qu'on pourra cognoistre, s'il ne ruyne point les flancs des autres Boulenards ;) il faudra prendre ce Retranchement, prenant enuiron le milieu du pand non
assailly entrant en la place, & en l'autre Boulenard de mesme, joignant le milieu par le derriere
de la Courtine, comme monstre le Retranchement D E F G H I, en sorte qu'il y ait deux Angles flancquans F & G.

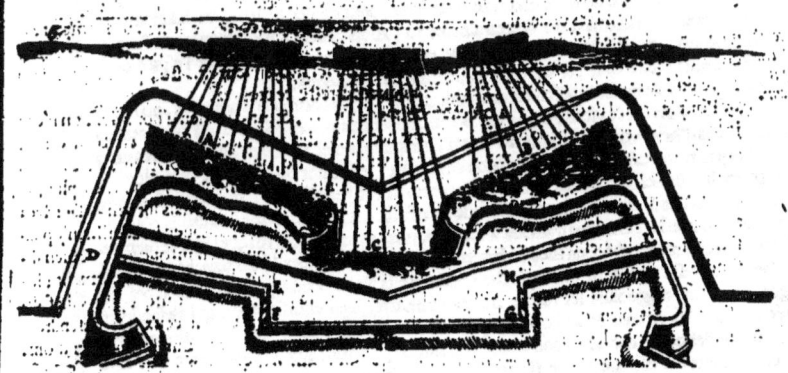

7. Et 6

Second liure

7. Et si les deux Bouleuards estoient battus de costé & d'autre, auec la Courtine; alors conuiendra retirer le Retranchement dans la place, en sorte que les deux aisles commencent a l'endroit des Espaules, pour les raisons deuant dictes; comme monstre le Retranchement A B C D E F, & facent aussi deux Angles flancquans C & D, comme le precedent: le tout suiuant comme la Figure le demonstre.

Plusieurs autres beaux Retranchements, & de diuerses sortes, se peuuent faire principalement és places qui ont vn Bouleuard, ou plusieurs, dans vne Tenaille: Mais cecy demeurera pour l'estude de ceux qui se delectent és inuentions subtiles de ceste Science. Seulement i'aduertiray les assaillis, que quand les ennemis se logeront sur la bréche, pour couler le long du Rampart, & gaigner pied à pied les extremitez des Retranchements; Alors faudra auoir recours aux Retranchements generaux, principalement à ce dernier, où tel moyen leur est osté, par l'espace de la Baye du Flanc qui sert de Fossé; & par consequent arreste ce progrez.

Recours aux Retranchemens generaux.

Pour le regard de defendre la bréche à coups de mains, & par combien d'hommes, on n'en a iusques à present rien dit de precis; & se faut accommoder aux places: Car il est bien certain qu'il faut moins d'hommes pour soustenir en vn Hexagone, qu'en vn Heptagone, & és autres Figures, (les positions estant premises, comme elles sont;) tellement qu'il y aura vnes plus, & aux autres moins, & selon que la capacité du lieu retranché le permet. Mais sur tout, faut bien aduiser aux sorties des Retranchements, afin que les assaillans se meslans auec les assaillis, n'y puissent entrer pesle-mesle: Car nous n'auons aucun moyen, ny inuention iusques icy, de bien defendre vne bréche retranchée, qu'auec le hazart de ceux qui sont hors le Retranchement; lesquels (aduenant ceste meslée) doiuent plustost perir que la place. Voila pourquoy le Chef des assiegez doit bien cognoistre les forces de ses ennemys, bien choisir ceux qui defendront la bréche, auec les armes & artifices propres; bien aduiser à ceux qui les soustiendront, qui seront mis dehors, donner vn bon ordre aux autres qui seront aux Retranchemens, afin qu'aucun tumulte ou espouuante ne si mette, ou qu'ils ne tirent ou facent chose mal à propos: Sur tout, garder la confusion à la sortie du Retranchement, & à la rentrée, quand il aura bien choisi ceux qui deuront rafraichir les autres defendans de la bréche: Tenant pour maxime asseurée.

Prudence du Chef des assiegez

Qu'vn assaillant accord & bien aduisé ne fait jamais ses plus grands efforts au commencement.

Voila ce qui se peut dire sommairement des formes des Retranchements és places Regulieres, & de la prudence & jugement que doiuent auoir les assaillis à la defence de la bréche. Reste seulement à dire, que l'Artillerie faisant bréche, & ruynant tant le Parapet que le Rampart, faudra que les assiegez apportent terres, fumiers, balles de laynes, & autres choses de matiere douce, desquelles on peut promptement faire masse, & les jetter contre le Parapet, & contre le Rampart, tant & si long temps que la batterie dutera, & en telle quantité que les assiegez puissent tousiours estre en seureté derriere telle couuerture, pour combatre plus librement les assaillans au dessus de la bréche.

Quant à l'ordre qu'on doit tenir pour soustenir les assaults, & comme il se faut defendre contre vn attaquement pied à pied, il en sera traitté plus amplement sur la fin du troisiéme Liure.

FIN DV DEVXIEME LIVRE.

L   LE

LE
TROISIE'ME LIVRE
DE LA FORTIFICATION
DEMONTREE ET REDVICTE
EN ART,

PAR FEV I. ERRARD, DE BAR-LE-DVC,
INGENIEVR ORDINAIRE DV ROY.

AVQVEL EST TRAICTE TANT DE LA
CONSTRVCTION QVE DEMONSTRATION DES FIGVRES
Irregulieres: La methode de fortifier toutes sortes de places, tant terrestres que maritimes: Auec la maniere & ordre qu'il faut tenir à bien defendre vne bréche, & soustenir vn assault, & se defendre contre vn attaquement pied à pied.

Reueu, Corrigé & Augmenté par A. ERRARD, son Nepueu, aussi Ingenieur
Ordinaire du Roy, suiuant les memoires laissez par l'Autheur.

M. DC. XXII.

L ij

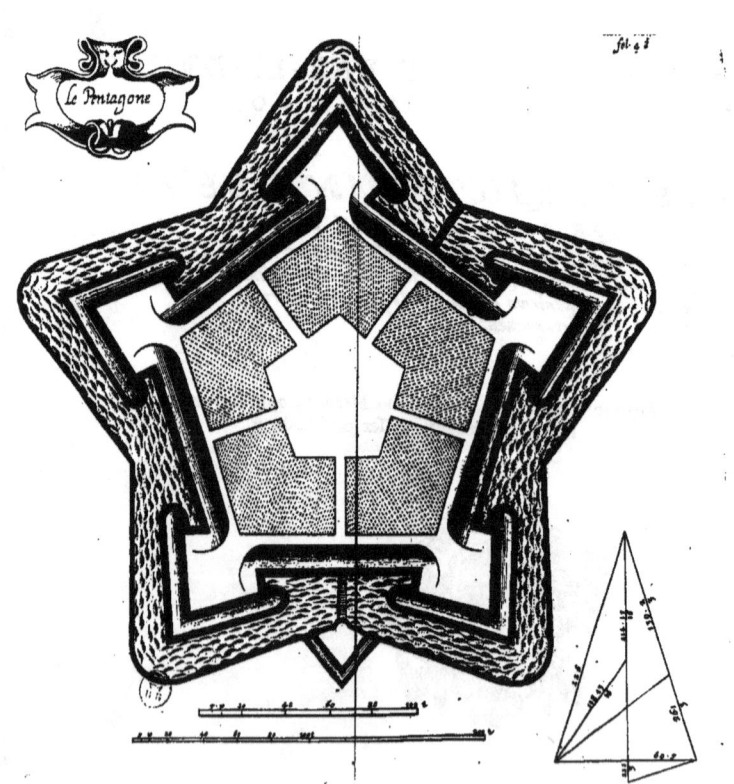

LE TROISIEME LIVRE DE FORTIFICATION.

DES PLACES IRREGVLIERES.

CHAPITRE PREMIER.

LES places plaines Regulieres, desquelles les costez & Angles seront donnez, & les places Irregulieres tombent aussi sous la Science de Fortification, selon les maximes qui seront cy-apres décrites.

Mais il faut noter que toutes telles places sont fortifiées ou pour gaigner le temps, ou la depence, ou les deux ensemble.

Pour le temps, comme quand vne Armée assaillante veut entrer en pays, & qu'on n'a le loisir de bastir vne forteresse neufue & taillée en plain drap ; Alors on se sert de ce qui est desja commence, auquel on adjouste ou retranche selon le temps, afin de rendre la place suffisante pour rompre, ou du moins empescher aucunement le dessein de l'ennemy.

Pour la depence, comme quand les moyens defaillent, & que la place à fortifier est assise en lieu, & de telle importance, qu'il faudroit par necessité la razer pour en recommencer vne nefue à souhait, qui surmonteroit en depence les moyens presens : Alors auec peu de frais on tasche de fortifier telle place (combien qu'assez incommodément & imparfaitement) suffisamment toutesfois pour arrester vne Armée quelques iours, & donner loisir au party des assaillis de faire mieux ailleurs, & rompre le progrez de telles conquestes.

Pour les deux ensemble, sçauoir le temps & la despence, comme quand l'assaillant a surpris le party des assaillis par quelque diligence extraordinaire, & que les moyens sont courts pour faire chose suffisante à resister à leurs premiers efforts : Lors se faut seruir de ce qui est desja fait, & le racommoder selon le temps & la puissance; pourueu neantmoins que le tout se rapporte à ceste maxime ja décrite au premier Liure.

L iij   Que

Que la dépence rapporte de la commodité : le trauail & le temps, du repos & asseurance selon l'esperance conceuë.

Considerant que le plus souuent telles petites & cherues places ainsi accommodées legerement, & gardées par gens vaillans & accorts, vaillent de belles & grandes Villes, qui autrement seroient inuesties & surprises auec leurs defaites, comme nous en auons assez d'exemples.

Or pour-ce qu'en telles fortifications les lignes & les Angles sont donnez, & que ce qui est proposé mechaniquement ne se peut resoudre que mechaniquement : ie commenceray par les demonstrations des choses qui se pourront demonstrer, & poursuiuray le surplus selon la façon accoustumée des Architectes, par plans & Figures mesurées mechaniquement, esquelles si les quatre parties essentielles de la Fortification décrites au Liure precedent ne pourront pas estre obseruées exactement cō m ne il seroit requis : c'est à dire, que le plus souuent il faudra receuoir vn Angle flancqué aigu, vn corps flancquant moindre que celuy décrit, vne distance & ligne de defence plus longue que la portée de l'Harquebuze, ou du Mousquet ; (& partant assujettie à l'Artillerie) & vn Angle flancquant simplement. Et suiuant ce les communes Sentences de ce Liure seront :

La premiére, *Que ce qui approchera de plus prés aux regles décrites au Liure precedent, sera meilleur & plus receuable que ce qui en sera plus éloigné.*

La seconde, *Que tout Angle flancqué ne doit estre moindre de soixante degrez.* Par-ce que celuy-cy fournit assez de corps & de flanc, sans prolonger la ligne de defence outre la mesure qui sera donnée ; ce que ne font les autres au dessous.

De cecy est excepté le Triangle equilateral ; par-ce que son premier Angle estant de soixante degrez, doit par necessité estre amoindry pour le faire flancquer, comme il sera dict cy-aprés.

La troisiéme, *Que le corps destiné pour flancquer, doit estre d'espesseur suffisante pour resister à la batterie de l'assaillant, autant de temps qu'on aura pour-pensé selon la consideration de la batterie.* C'est à dire, selon qu'on iugera de l'effet & de la ruine que peut faire la quantité de pieces qu'on peut mettre en batterie.

La quatriéme, *Que la distance & longueur de ligne de defence ne doit exceder la portée du Fauconneau, ou Faucon, qui est de cent quarante, ou cent cinquante toises.* Car ce sont pieces propres à la defence de telles places, & que nous auons posé y deuoir estre auec autres pieces, selon la proportion décrite des assaillants & assaillis, auec leur prouision & équipage.

La cinquiéme, *Que l'Angle flancquant estant simple, doit pour le moins estre fait en sorte que l'assaillant ne s'y puisse loger.* Comme estant garde d'vn bon fossé plein d'eau, ou d'vn sec, garny de pallissades, & autres artifices, qui peuuent empescher telles approches.

La sixiéme, *Que tous les defauts des parties essentielles de l'Art doiuent estre recompensez par autres moyens extraordinaires.*

de Fortification. 43

DE LA CONSTRVCTION
DV TRIANGLE EQVILATERAL.

CHAPITRE VI.

POVR la Conſtruction du Triangle équilateral, bien que ce ſoit vne Figure du tout impertinente, & incapable des maximes & parties eſſentielles de l'Art de Fortification ; ſi eſt-ce qu'il ſe peut fortifier & tracer en ceſte ſorte.

L'ayant diuiſé en trois Triangles Iſoſceles, l'Angle du Centre ſera de cent vingt degrez, & les Angles de deſſus la Baze chacun de trente degrez, l'vn deſquels (comme K D L) ſoit diuiſé en deux également par la ligne D P: Soit encore diuiſé l'Angle PDL en deux également par la ligne D E; laquelle ſera la ligne de defence. Puis ſoit priſe la ligne D M égale à L E, & tirée la ligne L M. Aprés ſoit diuiſé l'Angle MDB en deux également par la ligne D A, coupante la ligne de defence au point A, duquel point ſoit menée vne perpendiculaire ſur l'autre ligne de defence, comme A B, laquelle ſera la ligne du Flanc, & coupera la longueur du pand de Baſtion D B, à laquelle ſoit faite égale L N; E G égale à M A, & tirée l'autre ligne du Flanc

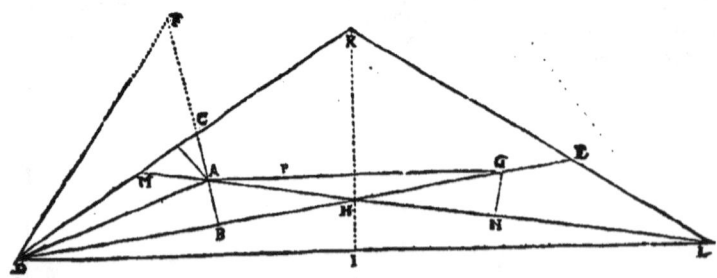

GN: Puis du point A au point G ſoit tirée la Courtine ; Et par ainſi le coſté du Triangle équilateral ſera fortifié par les deux demy Baſtions D B A, & L N G. Suiuant ceſte Conſtruction, l'Angle flancqué F D B ſe trouuera de quarante-cinq degrez, & l'Angle flancquant H de cent ſoixante-cinq degrez.

Poſant la ligne du Flanc de douze thoiſes, & faiſant l'eſchelle ſur icelle, toutes les autres lignes de la Fortification ſe trouueront proportionnées ſur icelle : en ſorte que la ligne de defence ſera d'enuiron cent cinquante-trois thoiſes, qui eſt la portée du Faucon, ou Fauconneau.

DE LA

Troisiéme liure

DE LA DEMONSTRATION
DV TRIANGLE.

CHAPITRE VI.

D'AVTANT que le Triangle équilateral ne se peut simplement fortifier qu'auec beaucoup d'incommoditez & imperfections qui se trouuent en la Construction, (comme il a esté dict,) neantmoins selon ce qui est dict au de ce Liure, il pourra estre demonstré en ceste sorte.

DC est à DB comme treize à douze, moins vne partie insensible. Cela se monstre par le Triangle rectangle Isoscele, ayant les deux costez cinq: L'Angle de quarante-cinq degrez estant coupé en deux egalement, la baze sera aussi coupée (sçauoir celle qui soustient l'Angle de quarante-cinq degrez) comme sept à cinq (qui font douze.) Si la ligne DB est posée de douze, BC sera de cinq, & la ligne coupante de treize, par la quarante-septième du premier d'Euclide. Or l'Angle CDB estant coupé en deux egalement, fera que BA sera à AC, comme BD à DC (qui est comme douze à treize) par la troisième d'Euclide : Tellement que BA fait douze, AC treize, CF trente-cinq, qui sont soixante, égal à BD.

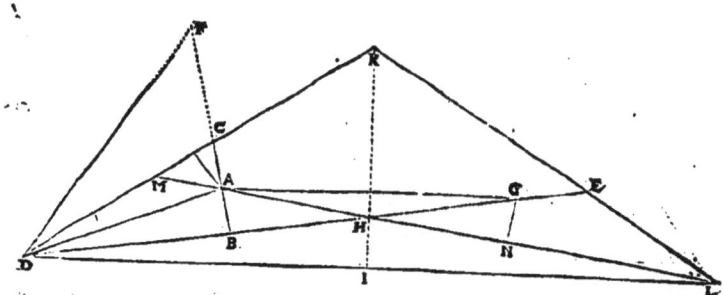

Mais AB est à BH quasi comme seize à soixante & vn, & à AH comme seize à soixante-trois (qui est peu plus du quart) comme il se prouuera par la diuision du Triangle équilateral, selon la deduction de l'Angle precedent. Suiuant ceste proportion BH sera quarante-cinq, & enuiron trois quarts, & AH quarante-sept vn quart, & la ligne de defence DG cent cinquante-trois. La Courtine AG nonante-quatre vn quart, & la toute DE enuiron deux cens dix thoises.

Faisant donc l'Angle flancquant H de cent soixante-cinq degrez (qui est l'Angle le plus ouuert qu'on reçoiue en la Fortification, & qui est imparfait en plusieurs façons
(comme

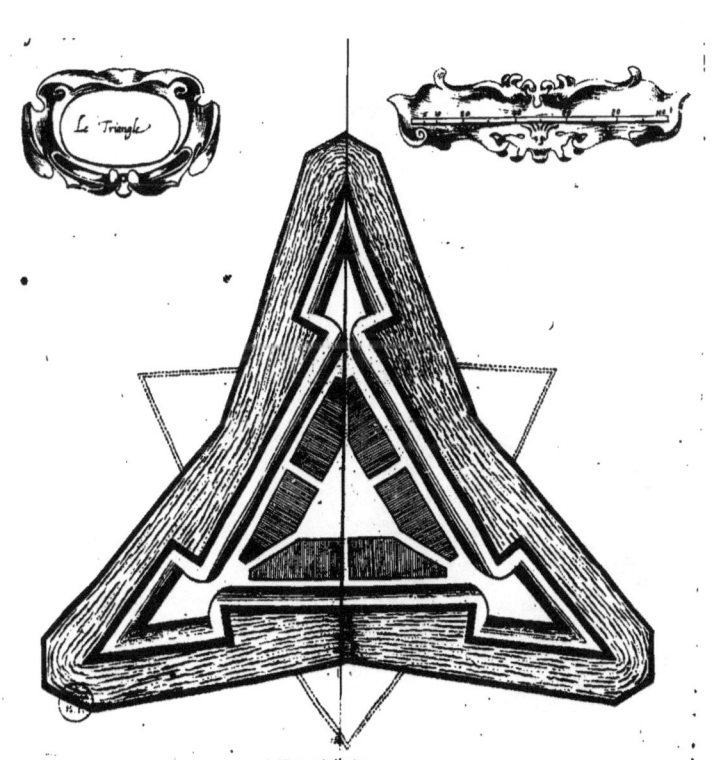

de Fortification. 44

(comme il fera monstré) le flancqué sera seulement de quarante-cinq degrez, qui est vn Angle trop aigu & imparfait, pour contenir vn corps suffisant, propre à vne mediocre fortification. Le Flanc sera enuiron douze thoises, & la gorge du Bastion vingt-quatre thoises. La ligne de defence cent cinquante-trois thoises, ou enuiron. Le contenu de la place (hors-mis les Ramparts, qui seront de dix thoises) sera enuiron trois mils six cents thoises; par ainsi les places & ruës déduites, resteront enuiron deux mils sept cents thoises, qui ne pourroient pas suffire pour trois cents habitans, & six cents Soldats, selon les proportions des autres places premises: tellement qu'elle ne pourroit seruir que pour deux cents habitans, & quatre cents Soldats, encore à raison de treize thoises & demye pour chacun; & resisteroit seulement à quatre mils assaillans, auec quatre Canons. Les incommoditez & imperfections de ceste Figure seront cause que nous n'en parlerons d'auantage, & reseruons de traitter d'autres moyens d'aider à la Fortification, sans toucher aux Figures composées, qui ne peuuent aucunement conuenir à celle-cy, à cause du peu d'espace qu'elle contient, pour loger tant les habitans que Soldats, necessaires à sa defence.

DE LA CONSTRVCTION
DV QVARRE.

CHAPITRE III.

OVR la Construction du Quarré, ayant diuisé trois cents soixante degrez par quatre, & trouué l'Angle du Centre estre de nonante degrez; chacun Angle de la Baze sera de quarante-cinq degrez, estant moitié d'vn Angle droict.
Soit donc décrit sur la ligne S B, costé du Quarré, le Triangle Isoscele S K B, ayant l'Angle K de nonante degrez, & les Angles K S B, & S B K, chacun de quarante-cinq degrez: Et d'autant que l'Angle flancquant ne doit auoir plus grande ouuerture que cent cinquante degrez, en ostant d'iceluy la quantité de l'Angle du Centre, restera soixante degrez pour l'Angle flancqué; Il faudra donc faire l'Angle K S H de trente degrez, moitié de soixante: Puis soit pris S M égale à B H, & tirée B M. Apres soit diuisé l'Angle K S H en deux également, par la ligne S R, qui donnera au point R, l'extremité de la Courtine, de laquelle soit tirée la perpendiculaire R O, qui sera la ligne du Flanc, & coupera la iuste longueur du pand de Bastion S O : le Parachef de la Fortification se fera suiuant la methode & maximes des Figures precedentes.

M Quant

Troisiéme Liure

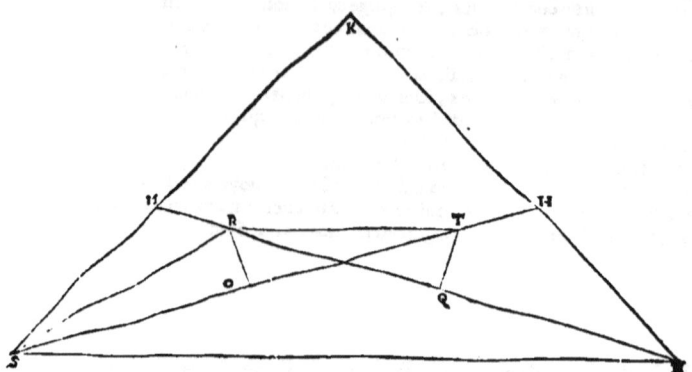

Quant aux mesures des Thoises, il sera bon de donner à S T, ligne de defence, la longueur de cent vingt thoises, afin que la ligne du Flanc R O, ou T Q, en vienne meilleure. Ayant donc diuisé vne ligne égale à S T en cent vingt parties égales; ce sera l'eschelle des thoises sur laquelle on prendra la mesure de toutes les autres lignes de la Fortification.

DE LA DEMONSTRATION DV QVARRÉ.

CHAPITRE IIII.

Le Flanc premierement posé de seize thoises.

E Quarré fortifié selon les maximes de ce trosiéme Liure, & suiuant la Construction, peut estre demonstré en ceste façon. Soit l'Angle flancquant de cent cinquante degrez, pour estre égal à celuy de l'Hexagone, qui a esté monstré le premier Angle capable d'vne bonne Fortification: L'Angle flancqué sera de soixante degrez, & de Flanc O R, ou T Q, posé de seize thoises, la gorge du Bastion de trente-deux thoises, la ligne R V sera double à R O, par les demonstrations suiuantes. Premierement l'Angle R V O est de trente degrez, par la Construction, & R O V droict: V R O sera donc de soixante degrez. Soit apres fait le Triangle équilateral R O P: Il est éuident que l'Angle P O V sera de trente degrez, égal à P V O, & par consequent la ligne V P égale à la ligne P O; c'est à dire à P R, ou R O, *par la cinquième du premier d'Euclide*. La ligne O V sera donc de vingt-sept thoises trois quarts, *par la quarante-septiéme du pre-*

de Fortification. 45

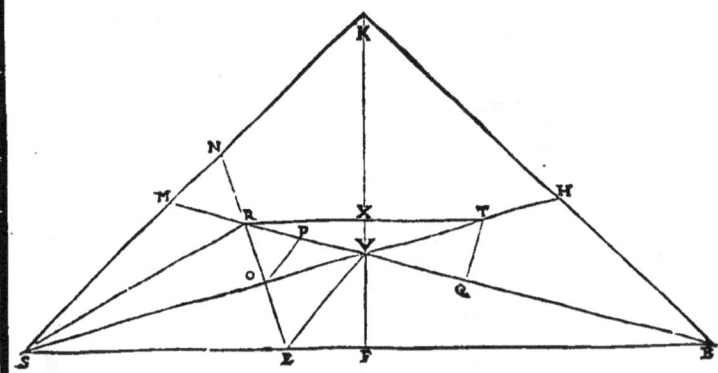

du premier : Et la ligne O T, ou O S, sera de cinquante-neuf thoises trois quarts, & R T peu moins de soixante-deux thoises, & par consequent S R aussi de soixante-deux thoises; estans les Triangles R O T, & R O S égaux & équiangles par l'hypothese. La ligne de defence S T sera donc de cent dix-neuf thoises & demye, qu'est pour la toute S H, ou B M, cent trente-cinq thoises & demye. Soit apres prolongée la ligne R O iusques au point E, sur la ligne S B; & soit aussi tirée la ligne V E. Ie dy que V F est egale à F E, d'autant que l'Angle V F E estant droit, O V F de septante-cinq degrez, & O V E de trente; il s'ensuiura que l'Angele E V F sera de quarante-cinq degrez, & par consequent l'Angle V E F de mesme : dont aduiendra que la ligne V F estant de vingt-deux thoises deux tiers, S F sera d'enuiron huictante-quatre & demye, & S B (qu'est la distance de pointe de Bastion à autre) cent soixante-neuf thoises : ce qu'il falloit demonstrer.

 Au surplus, la Fortification se pourra acheuer & demonstrer en toutes ses autres parties, comme il a esté monstré en l'Hexagone : Par ainsi ceste place aura seulement trois parties essentielles de l'Art de Fortification ; sçauoir les doubles Flancs, l'espesseur requise au Flanc, & la ligne de defence de la portée du Mousquet ; le defaut se trouue seulement en l'Angle flancqué qui est *Defaut* aigu, & de plus grands frais : Voila pourquoy és places contraintes les longueurs des lignes de *duQuarré.* defence, & l'espesseur du Flanc, seront tousiours à preferer à l'Angle flancqué, puis que ouurant l'Angle flancqué d'auantage, il destruit ces deux autres parties, qui sont les principales.

 Le dedans de la place (hors-mis les Ramparts de dix thoises, & la Ruë de trois thoises) pourra contenir enuiron six mils six cents thoises ; desquelles le quart déduit pour la place du Marché, & pour les Ruës, resteront quatre mils neuf cents cinquante thoises, qui ne suffiroient que pour trois cents habitans, & six cents Soldats, à raison de seize thoises & demye pour chacun, qui seront encore trois thoises & demye moins que suiuant ce qui a esté dict cy-dessus au second Liure, Chapitre de l'Hexagone, *Qu'il faut au moins vingt thoises de lieu pour vn habitans.* Ainsi ceste forteresse pourroit resister à six mils assaillants, & six Canons. Mais posant le Flanc *Le Flanc* de vingt thoises, (qui est vn quart d'auantage) la ligne de defence sera de cent quarante-neuf *posé de* thoises, ou enuiron, qui est la portée seulement du Fauconneau. De pointe de Bastion à autre, *vingt thoi-* deux cents douze thoise : Tellement que la place sera suffisante pour quatre cents habitans, & *ses.* huict cents Soldats ; à raison d'enuiron vingt thoises pour chacun habitant : & pourra sostenir contre vne Armée de huict mils hommes, auec huict Canons, pourueu que les deffauts soient recompensez par quelques autres parties non essentielles, comme par quelque nombre de gens de Guerre, ou quelque quantité d'Artillerie & munitions outre & par-dessus la proportion décrite au Liure precedent : De gens de Guerre, à cause que l'Angle flancqué estant aigu, peut estre incontinent ruyné, & mis en bréche, qui ne se pourroit facilement defendre, que par l'ayde de quelque nombre extraordinaire de Soldats : D'Artillerie & munitions, à cause que la ligne de defence excedant la portée du Mousquet, doit estre recompensée par quelques pieces d'Ar-
              M ij   tilleries

illeries extraordinaires, d'autant que les ordinaires ne pourroient suffire pour la defence de tous les costez de la place. Ces imperfections peuuent estre aussi recompensées par creusement & élargissement des fossez és enuirons des Angles flancquez, ou par quelque bonne matiere, (comme celles décrites au premier Liure) de laquelle on bastira l'Angle flancqué, iusques à certaine longueur, pour resister plus longuement à la batterie de l'assaillant, ou par autres artifices non vulgaires ny vsitez, qui seront cause de gaigner le temps, & suppléront aux deffauts.

La proportion de ces recompenses ne se peut dire precisément, & pourtant cela doit estre bien balancé par les Chefs & Capitaines qui defendront telles places, pour sçauoir bien choisir ce qui sera plus necessaire à l'effect desiré.

Voila ce qui se peut dire du Quarré simple, taillé comme on dict) en plain drap : mais si le costé d'iceluy est donné & proposé plus grand, iusques à deux cents nonante ; il le faudra fortifier comme l'Octogone, & selon les mesmes proportions ; c'est à sçauoir, faisant vn Angle flancqué au milieu du costé donné, & également distant du Centre.

Et s'il proposé plus grand que deux cents nonante, iusques à trois cents cinquante thoises, lors le faudra fortifier comme le Dyodecagone, faisant deux Angles flancquez sur le costé donné, & également distant du Centre : & ainsi en montant selon la raison des Figures du Liure precedent.

Cecy s'entend des Figures non fossoyées ny remparées, proposées à fortifier.

Et pource qu'en ces termes proposez, la Fortification se peut trouuer manque, à cause que la Figure Reguliere simple proposée, excedant sa mesure, seroit hors de deffence, & † composée ; (c'est à dire, qui reçoit quelque defence extraordinaire par-dessus les regles premieres) pourroit estre trop petite pour le rapporter aux maximes predites : C'est pourquoy ie rameine le tout à la consideration de la dépence, du trauail, & du temps, comme il est dict cy-deuant : & partant seroit le corps flancquant à preferer à l'Angle flancqué ; c'est à dire, qu'il y auroit moins d'inconuenient de faire l'Angle flancqué aigu, que le corps flanquant trop petit, à cause que l'vn se peut recompenser facilement, & l'autre non.

† Il y en a de deux sortes : La premiere est celle qui reçoit est auantage attaché et joint au corps de la place, Et l'autre qui le reçoit separé, & par le dehors. Celle-là sera décrite au Chapitre du Quarré composé, & celle-cy au Chapitre des Raueelins.

Cecy soit dict aussi pour toutes les autres Figures suiuantes.

De ce discours resulte, que de toute Figure Reguliere proposée, le costé donné se fortifiera selon les proportions de la Figure (c'est à sçauoir des Figures du second Liure, du Quarré, & du Pentagone de cestuy) de laquelle elle approchera le plus : C'est à dire, que si la distance donnée à fortifier se trouue au second Liure receuoir vn Bastion au milieu, ou plusieurs, qu'il en faudra faire de mesme en celle-cy, selon les mesmes proportions. Par ce moyen on pourra ayséement fortifier sur toutes sortes de lignes données ; d'autant qu'vne seule ligne ne comprend pas vne espace, & qu'elle se trouue tousiours estre le costé de quelque Figure Reguliere que ce soit, sinon au iuste, du moins approchante de si prés, que la partie defaillante en est insensible : Et par consequent n'assuiettit en aucune façon que ce soit la Fortification, comme elle seroit estant iointe à vn dessein où on est contraint quelque-fois de retrancher de l'vne des lignes pour donner à l'autre ; ou bien de deux lignes faisans vn Angle saillant, ou rentrant, n'en faire qu'vne : Partant quiconque voudra fortifier ne se doit arrester sur la ligne seule, ains sur toutes celles de l'enclos & circuit d'vne place proposée à fortifier.

Reste à noter, que suiuant le second dessein de ceste forteresse, on pourra encor' faire des Ruës qui prendront aux Angles de la place du Marché, & repondront au milieu de chacun Bastion ou Boulcuard, lesquelles apporteront ceste commodité aux assaillis, que au Bouleuard ou Bastion attaqué on pourra facilement estre veu, non seulement de ladite place, mais aussi des trois autres Bastions, pour en receuoir plus prompt secours, qui est vne des principales considerations que doit auoir vn bon Ingenieur en desseignant tant la place du Marché que les Ruës auec leur Carrefours, si autre plus grande commodité ne l'en diuertit, comme nous l'auons souuentesfois dict par cy-deuant.

DV QVAR-

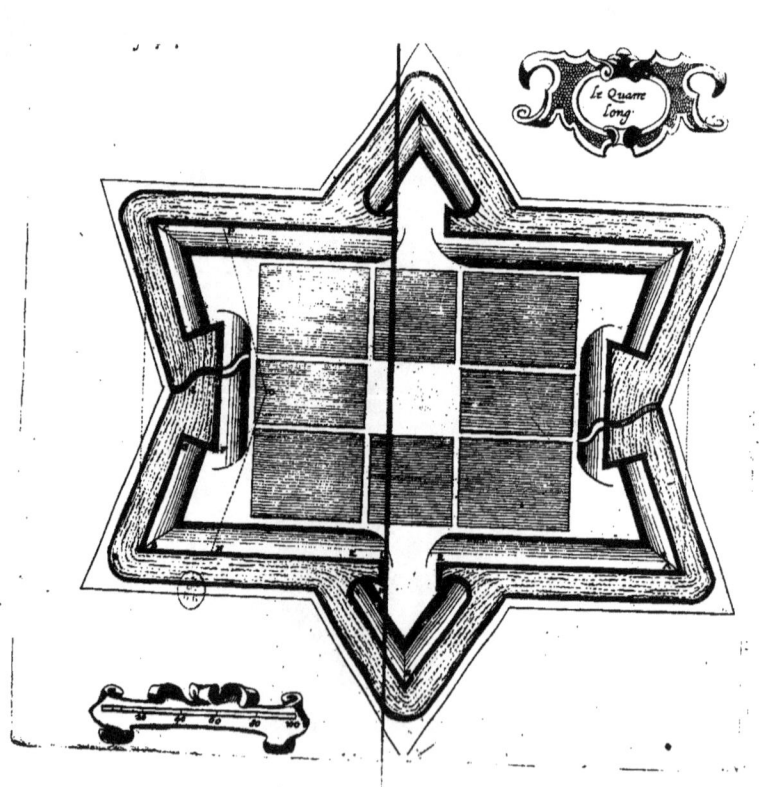

DV QVARRE' LONG.

CHAPITRE V.

LES Quarrez longs peuuent aussi estre fortifiez : mais d'autant qu'il y en a d'infinies sortes, ie parleray seulement d'vne, afin qu'estant bien entendue, elle donne de la facilité pour les autres.

Premierement, donc si on veut vne Fortification plus longue que large, sans contrainte d'aucune ligne proposée, l'Ingenieur la fera à discretion, pourueu qu'il responde à l'intention du Prince : Mais si la place est proposée comme A B C D, ayant de longueur deux cents huictante-cinq thoises, & de largeur cent soixante-cinq ; alors on cognoistra que sur la longueur se pourra faire vn Bastion seulement, qui agrandira l'espace proposée ; & en la largeur, vn Angle flancquant, comme B E C, (qu'on appelle vulgairement Tenaille,) qui l'amoindrira : le tout pour respondre aux regles premises.

Ie suis donc d'auis que ceste Tenaille, auec son Angle flancquant E, soit de cent trente-cinq degrez, afin que les Angles flancquez B & C estans de soixante-sept degrez & demy chacun, & le Flanc, comme G F, d'espesseur de vingt thoises, & la ligne de defence F C de cent dix-huict thoises, ou enuiron, le tout soit assez fort pour resister à la batterie proportionnée à ceste place. Quant au Bastion H I L R, il sera bon faire son Angle flancqué H égal à l'Angle B, qui est de soixante-sept degrez & demy ; & son Flanc, soit actuel, ou potentiel, de semblable mesure que l'autre G F, qui est de vingt thoises, pour égaler à peu prés la Fortification de tous costez : Mais suiuant ce progrez, il se trouuera que l'Angle flancquant H K B est de cent vingt-trois degrez vn quart, & par consequent beaucoup meilleur que B E C : A quoy ie réponds, que cét aduantage est pour recompenser le deffaut que reçoit le pand H I, lequel n'est flancqué que de la Courtine droicte L B, & non d'vn Flanc actuel ; joint aussi que le Flanc L M n'a aucun Contre-flanc ; & par ainsi ce dessein manque d'vne de ses parties essentielles, que ie supprime expressement, tant pour ne gaster la simetrie de ce dessein, & ne diminuër en rien le corps du demy Bastion B G F (qui autrement seroit affoibly de beaucoup) que pour paigner le temps & la depence, en me seruant d'vne grande partie de ce qui est fait. Que si à cause de la trop grande ouuerture de l'Angle flancquant E, on allegue que le demy Bastion B G F sera facilement attaqué ; & par ainsi le Bastion (ou Bouleuard) H I L demeurera sans nulle defence, soit potentielle, ou actuelle : ie réponds, que toute la face de la forteresse B C estant mesme retranchée par vn retranchement general, comme P O N, il y restera assez de corps entre K & N pour subuenir à la defence de H I, comme il est aysé de voir par ceste Figure. Toutes ces choses pouuoient estre demonstrées Mathematiquement, comme les precedentes, n'eust esté pour euiter prolixité, entant que (comme i'ay dict au commencement de ce Chapitre) il y en a d'infinies sortes : tellement que la demonstration de l'vne ne pourroit seruir que de bien peu à l'autre ; joint aussi que ceste sorte de Fortification pourra estre mieux entenduë par le Chapitre XIII. de ce Liure, auquel les lignes sont données, & les Angles tant flancquans que flancquez proposez.

M iij   Il suffira

Troisiéme Liure

Il suffira donc de cognoistre par ce discours que ceste Figure approche de l'Hexagone, & suiuant sa capacité (laquelle est entre premier Hexagone & le second) pourroit resister à vne Armée de douze mils hommes : mais à cause des defauts tant des Angles flancquans que flancquez, & des Flancs actuels ; on en pourra autant qu'il semble que ces defauts requierent, qui est à mon aduis bien peu de chose : Cecy se face selon le iugement des plus experimentez.

Il resulte encor' de ce discours, que tous autres Quarrez longs de semblable raison, pourront estre fortifiez de mesme, pourueu que les lignes de defences n'excedent la portée de Fauconneau, qui est de cent cinquante thoises, comme il a esté dict, & que les Flancs ne soient moindres de seize thoises.

Au reste, i'ay tracé les Fossez, Ponts, & Portes, ainsi qu'aux precedentes, horsmis que i'ay tourné les Ponts & voutes des Portes en sorte qu'elles respondent aux Ruës : Mais le bon Ingenieur pourra aduiser aux departements tant des Carrefours que des Ruës, si bon luy semble, ou que la place le requirt.

En cét endroict i'aduertiray le Lecteur, que i'ay fait l'Orillon M I en forme ronde, pour mieux couurir le Flanc L M, qui expressément a ceste grandeur, afin d'y entretenir quelque façon de petits Contre-flancs, pour la seureté des deux Anglets L & M.

DV QVARRE' COMPOSE'.

CHAPITRE VII.

COMME il y a de plusieurs sortes de Quarrez longs, aussi y a-il de plusieurs manieres de Quarrez composez : Mais pour abreger le discours, ie ne traitteray que du plus simple Quarré composé, comme celuy que ie propose icy, auquel ie ne m'astrains à aucune longueur ou largeur precise, ains seulement à la forme que ie desire tousiours retenir quarrée interieurement, tant pour les grandes commoditez qu'on reçoit des Angles droits, que pour plusieurs autres considerations de guerre qui seront maintenant discourues amplement, afin de ne rien laisser en arriere de ce qui est important à la fortification, & pour satisfaire au loüable desir d'vn Seigneur, amateur des sciences, qui m'en a requis.

Le Prince donc requiert de son Ingenieur vn dessein de ville, capable pour loger commodément cinq cents habitans, & par consequent bastant de resister à vne Armée de quinze mils hommes, (comme il a esté monstré) & que sans autre garnizon ce nombre d'habitans soit suffisant pour garder la place ordinairement, excepté contre vn siege : Il est éuident que s'il n'y auoit autre consideration que selon les regles décrites au second Liure ; il faudroit cercher ce dessein entre l'Heptagone & l'Octogone : & posons iceluy approcher plus prés de l'Heptagone ; il s'ensuiura qu'il y faudra ordinairement sept Corps-de-garde pour la seureté de la place. Or pour le soulagement des habitans, il est certain qu'ils ne

doiuent

doiuent estre pressez aux gardes que de cinq iours l'vn : tellement que cent hommes feront sept Corps-de-garde de chacun quatorze ; qui est proprement diuiser vn grand corps en plusieurs petites parties, qui ne seront pas suffisantes pour la garde ordinaire, estant ainsi separées. Il est donc maintenant question de donner lieu aux considerations du Prince, & voir s'il se peut faire vn autre desseing de ville de mesme capacité que l'Heptagone, ou peu d'auantage, & dont la garde en soit plus aisée & asseurée, les commoditez des habitans plus grandes, & que les defauts qui se pourront trouuer au desseing de telle place, se puissent recompenser extraordinairement par quelque surcroit, tant d'Artillerie, que munitions de toutes sortes, que le Prince y fournira, pour s'en seruir en temps de siege seulement.

Ie mets donc en auant ce desseing, duquel le corps est quarré comme H K T V, ayant chacune face de deux cents thoises : aux extremitez duquel ie tire vn Angle droit comme C K L, ayant chacun costé enuiron quarante-deux thoises : puis ie tire le pand C B, comme aussi de l'autre costé G F, & les autres, en sorte que les Angles flancquez G & C soient de septante-cinq degrez, & l'Angle flancquant qu'ils engendrent de cent cinquante degrez : par ainsi lignes de defences estant de cent cinquante thoises, les flancs D B, E F, & les autres seront de vingt-deux thoises ou enuiron chacun, & les Courtines de huictante-quatre thoises.

Au reste, ie donne aux Ramparts vingt thoises d'epesseur, aux Fossez la largeur & forme décrite au second Liure, auec les Portes & Ponts de mesme.

Pour le regard du dedans, ie fais la place du milieu quarrée, auec ses quatre principales Ruës en Angles droits sur chacune face, & les autres Ruës diagonalement repondant aux extremitez, comme P Q R O : Tellement que chacun habitant peut auoir trente-cinq thoises quarrées de place, qui est plus qu'il n'en est donné à chacun, suiuant le premier dessein de l'Octogone. Voicy donc les commoditez qui se trouuent : Premierement en l'espace qui est au Bastion, lequel seruira à loger en temps de siege quelques Soldats de surcroist : Secondement en ce qu'il n'est besoin que de quatre Corps-de-garde, sçauoir en chacune extremité vn, comme R Q P O, qui se verront l'vn l'autre pour s'entre-secourir facilement : Tiercement en ce que chacun Corps-de garde sera de vingt-cinq hommes, & par consequent plus fort que deux, sçauoir de quatorze & vnze separez, comme chacun sçait. Les defauts sont aux lignes de defence trop longues : aux Angles flancquez aigus, & aux Angles droits des extremitez qui sont simples, & sans aucun Contre-flanc.

Pour le regard du premier defaut, le Prince y peut apporter le remede auec l'Artillerie & les munitions extraordinaires, outre ce qui sera dict au Chapitre vnziéme de la defence empruntée dehors, comme de N M, laquelle se fait à loisir apres le corps de la forteresse. Pour le second, il est assez recompensé en ce qu'il est mieux flanqué de part & d'autre que l'Heptagone ne permet ; estant ceste sorte de demy Bastion sur vne ligne droicte E D C L, & par consequent plus difficile à forcer. Pour le troisiéme, qui est le plus grand, il semble qu'il soit à peu-prés recompensé par les trois commoditez cy-deuant mises : ioint que pour empescher l'ennemy de se loger pied à pied dans l'Angle, on pourra faire de part & d'autre deux voutes par lesquelles, auec quelque piece d'Artillerie on empeschera ce logement, ainsi qu'elles sont marquées en K ; ou bien on pourra faire le demy rond H pour le mesme effect : ou autrement la voute seule marquée V, afin de faire bricoller la balle de part ou d'autre de l'Angle de la Contrescarpe Y : Et telles sortes de voutes se pourront faire en glacis, pour tirer comme de haut en bas, afin que les pieces d'Artilleries ne puissent estre veuës : & s'en trouue assez de semblables aux anciennes murailles faictes au commencement de l'inuention de l'Artillerie. Il y a encor' ceste commodité, que l'ennemy donnant dans cét Angle droict, soit par assaut, ou pied à pied, sera facilement empesché par vn Retranchement general fait de mesme sorte, qui aura tousiours beaucoup plus de front que les bréches qu'il y pourroit faire : Outre que si l'assiete le permet, on pourra tirer le Fossé en cét endroict directement sans aucun reply, comme β φ, afin de donner tousiours plus d'empeschement à le trauerser, & que les coups tirez des Flancs en bricolle contre ceste ligne droicte, y aportent quelque chose. Pour le regard du circuit de ceste place, il est d'enuiron mil trois cents huictante-huict thoises, quelque peu plus grand que celuy du premier Heptagone, qui est de mil trois cents thoises, lors que le Flanc est posé de dix-neuf thoises vn tiers.

DE LA

Troisiéme Liure

DE LA CONSTRVCTION
DV PENTAGONE.

CHAPITRE VIII.

OVR la Construction du Pentagone, auquel ne pouuant pas obseruer toutes les maximes qui se peuuent & doiuent aux Figures de plus d'Angles & de costez, il vaudra mieux se départir d'vne d'icelles maximes qui porte moins de consequence, qui est celle de l'Angle flancqué, & le faire moindre que droict, en sort toutesfois que l'Angle flancquant ne soit point plus ouuert que cent cinquante degrez : autrement la ligne de defence se trouueroit trop longue, ou bien contraindroit la ligne du Flanc à estre trop petite. Nous ferons donc sur la ligne F H par posée, pour estre la distance d'entre les Angles des pointes des Boulevards, vn Triangle Isoscele, faisant vne cinquiéme partie d'vn Pentagone, aprés auoir cherché l'Angle du Centre, comme és Figures

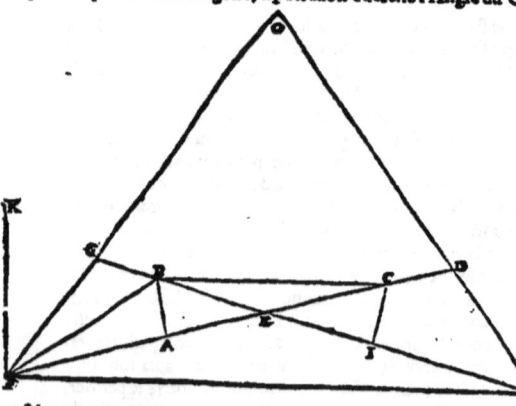

precedentes, & le trouué de septante-deux degrez, les Angles dessus la Baze HFO, & FHO, seront chacun de cinquante quatre degrez. Et d'autant que nous posons l'Angle flancquant E de cent cinquante degrez, nous en soustrairons l'Angle du Centre O de septante-deux, resteront pour l'Angle flanqué KFD septante-huit degrez, qui sera pour l'Angle OFD, moitié d'iceluy, trenteneuf degrez, FG estant prise égale à HD, & tirée la ligne HG : Aprés soit diuisé l'Angle GFD en deux également par la ligne FB, & pris les points de la Courtine B & C, & tirées les lignes du Flanc B A, & C I, comme aux Figures precedentes : Par ainsi le costé du Pentagone proposé sera fortifié suiuant les regles predites, & ayant toutes les parties requises, hoirmis l'Angle flanqué qui se trouue aigu.

Posant la ligne du Flanc de dix-huict thoises, & faisant l'eschelle sur icelle, on trouuera la mesure de toutes les autres lignes de la Fortification proportionnées sur icelle.

DE LA

DE LA DEMONSTRATION
DV PENTAGONE.
CHAPITRE IX.

LE Pentagone estant fortifié suiuant la Construction, se peut demonstrer en ceste sorte.

Soit fait l'Angle flanquant A E I de cent cinquante degrez, pour estre le premier Angle capable de Fortification. Le flanqué A F K sera de septante-huict degrez. Et soit posé le Flanc A B de dix-huict thoises : Le Pand F A se trouuera estre presque de cinquante & vne (estant F B enuiron trois fois la ligne A B, selon la vulgaire tradition d'Archimedes.) La ligne B E est double à B A, estant l'Angle E.B A de soixante degrez, & B E A de trente (comme il a esté dict au Quarré :) A E sera donc peu plus de trente & vne thoises: E F sera de huictante-deux thoises, & toute la ligne de defence C F cent dix-huict. La Courtine

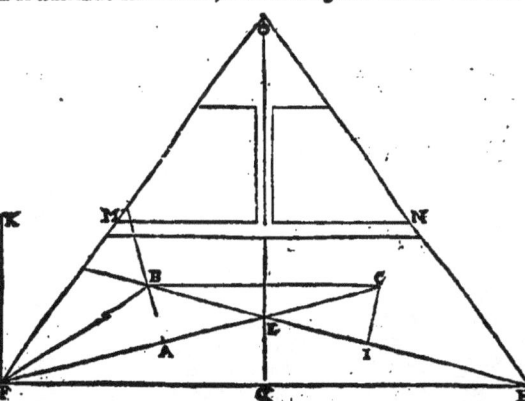

B C de soixante neuf thoises vn tiers : Le Rampart auec sa Ruë estant de dix-sept toises, le surplus de la place (sçauoir le Triangle M N O) contiendra enuiron deux mils sept cents vingt-huict thoises, dont le quart déduit pour la place du Marché, & pour les Ruës, le reste montera presque à deux mil cent thoises, qui seroit pour cent habitans à raison de vingt & vne thoises pour chacun : le tout pour cinq cents habitans, & mil Soldats : Et seroit ceste place (le defaut de l'Angle flanqué aigu recompensé par quelque moyen, comme il a esté dict au Quarré) suffisante pour resister à vne Armée de dix mil hommes, & dix Canons. Que si le Flanc est posé de vingt-deux thoises & demye (qui est vn quart d'auantage) la ligne de defence sera de cent quarante-sept vn tiers : Le pand du Bastion soixante-trois thoises trois quarts : Le contenu du Triangle M N O quatre mils deux cents cinquante-deux thoises, qui sera pour chacun habitant (le quart déduit auec le Rampart & sa Ruë) plus de trente & vne thoises. Mais il faudra recompenser ceste longueur de ligne de defence selon qu'il a esté dict cy-deuant. Et selon ce second dessein on pourra encor faire des ruës aux angles de la place du Marché, & qui respondront au milieu de chacun Bastion pour en tirer les tirer les commoditez décrites tant au second Liure, qu'au traitté du Quarré, & ainsi qu'elles sont tracées sur le dessein dudit Quarré.

Le surplus de la Fortification, comme Orillons, Cazemates, Fossez, Contrescarpes, Couridors, Ponts & Portes, se pourra faire comme il a esté monstré en l'Hexagone.

Les raisons de ceste Figure se demonstrent à peu prés par celle qui luy est jointe, en laquelle les lignes sont coupées entre les deux extrémes, ainsi qu'il est requis pour la Construction d'iceluy Pentagone, par la vnziéme du quatriéme d'Euclide, les nombres y estans cottez sur chacune pour plus facile intelligence.

Pour le surplus, comme des Pentagones irreguliers, ie le renuoye au Chapitre quatorziéme & quinziéme de ce Liure, où les lignes & les Angles estans donnez, il est montré comment on doit proceder en la Fortification.

Et pour le regard des Pentagones composez, la Figure precedente suffit pour l'intelligence de la Fortification de toutes places Regulieres composées.

DES RAVELINS ET PIECES DETACHEES.

CHAPITRE X.

E Quarré & le Pentagone estans demonstrez, les autres places Regulieres données & limitées viennent à estre fortifiées en ceste sorte, ou par les autres qui seront demonstrées cy-aprés. Or elles sont fossoyées, ou sans Fossé : Si elles sont sans Fossé, on presuppose aussi qu'elles sont sans Rampart, & par consequent que rien ne vient en consideration que la Muraille & fermeture d'icelle, qui peut estre neantmoins tellement construite, & de telle matiere, qu'elle ne pourroit estre changée ou démolie que auec beaucoup de temps & de frais. De celle-cy les moyens de fortifier sont décrits cy-deuant, si ce qui est ja fait ne vient point en consideration.

Places sans Fossé sont presupposées sans Rampart.

Les Fossez presupposent vn Rampart.

Si elles sont enuironnées de Fossez, on y presuppose aussi des Ramparts, & par consequent beaucoup de temps & de frais gaignez pour la mettre en defence. Pour doncques fortifier telles places sçauoir celles qui auront le costé donné pour receuoir seulement vne

fortifica-

de Fortification. 49

fortification simple) faudra suiure les mesures & proportions des Figures ja décrites, desquelles elles aprocheront le plus. Et des places qui auront le costé plus grand, & propre pour receuoir vne Fortification composée, en conuiendra faire ainsi.

Soit pour exemple proposée la Courtine Y Z de deux cents huictante thoises, ayant son Fossé de quatorze thoises de largeur : Il est éuident qu'il faut faire au milieu vne piece flanquée & flanquante X, pour estre fortifiée quasi comme l'Octogone, duquel elle approche le plus, ainsi que la Figure le monstre.

Fortification composée.

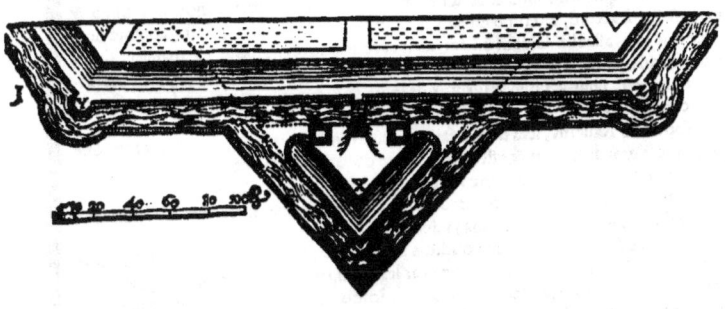

Mais de cecy vient vne question ; sçauoir si ceste piece doit estre attachée à la Courtine pour en faire vn Bastion accomply de toutes ses parties, (comme il a esté décrit) ou si elle doit estre separée du corps de la place par le mesme Fossé, pour en faire ce qu'on appelle communément Rauelin.

Rauelin.

Ceux qui soustiennent le premier, sçauoir le Bastion, alleguent que par ce moyen l'accés est plus facile aux assaillis pour y entrer, & deffendre vn assaut, opposans les incommoditez de l'autre, qui sont distinguées : sçauoir, és places qui ont le Fossé sec, les surprises, dequoy ne manquent les exemples : Es autres qui ont le Fossé plein d'eau, la difficulté de l'entrée, qui ne se peut faire que par Bateaux, ou Ponts flottans ; & par consequent tel dessein foible & debile, pour resister à vn assaillant accord & rusé, qui peut oster telle communication.

L'experience que ces pieces ont produit d'assez mauuais effect, est pour eux.

Les autres au contraire, remonstrent en premier lieu, qu'en telles places les Bastions ne peuuent estre faits qu'ils ne soient premierement Rauelins, & par consequent soustiennent ceste premiere defence. Secondement, que la depence n'est point si grande, ny le temps, comme il est éuident : dont s'ensuiuent deux commoditez necessairement. Tiercement, que les entrees penibles & dificiles n'apportent point tant de defaut comme les jointures du Bastion à la place, à cause qu'en vn Fosse sec on y peut venir par voutes souterraines, & par consequent difficiles à surprendre.

Rauelins, & leurs effects.

Qu'aux autres Fossez (outre les Bateaux & Ponts flottans) les entrées peuuent estre faites en sorte, que le fond du Fossé estant ferme, & dur, le dessus ne sera couuert que de pied & demy d'eau, ou enuiron, [à l'endroit des entrées seulement] & de largeur suffisante pour aller & venir facilement parmy ceste eauë à toute heure : & que finalement le Rauelin estant gaigné, l'assaillant guidé selon l'Art d'assaillir, ne prendra enuie de trauerser & remplir le Fosse auec si grand trauail & longueur de temps [comme chacun sçait] pour attaquer la place au milieu d'vne Courtine droicte, laissant les extremitez qui sont plus aisées. Ou au contraire, en vn Bastion les terres qui le joignent à la Courtine rendent les accés plus faciles : Tellement que ces deux choses doiuent estre bien balancées, sçauoir le temps que les assaillis gaignent en defendant le Bastion pour empescher l'ennemy de loger au Rampart de la Courtine, & le temps que les assaillis perdent à remplir le Fossé entre le Rauelin & la place, outre l'incommodité qu'ils reçoiuent, la voulans forcer par vn endroict si propre & commode à retrancher.

N ij

Le Iuge-

Le ingement de cela demeurera aux grands Capitaines.

Puis donc que l'exemple des mauuais effects que les Rauelins & les Bastions ont produit, est assez frequent, dont la faute (peut estre) n'est point en l'instrument, mais à celuy ou ceux qui le manient; je diray mon aduis fondé sur quelques raisons: que és places fossoyées qui sont sur point d'estre assiegées, les Rauelins sont à preferer aux Bastions, tant à cause qu'ils sont bien tost mis en defence, & auec peu de frais, qu'aussi finalement la perte n'en est si preiudiciable que des Bastions, parce que leur prise n'est point jointe necessairement à celle de la place entiere, comme elle seroit des Bastions qui sont joints & attachez par Terraces & Ramparts: moyens propres &

Les assail- asseurez à vn assaillant accord, à venir bien tost aux mains auec les assaillis, qui est (comme nous
lis doiuent auons dit) ce que tous assaillis doiuent euiter de tout leur pouuoir, pour les mauuais succés
craindre qui en peuuent arriuer: Mais és places où ces considerations n'auront point de lieu, les Ba-
de venir stions seront à preferer, pourueu que le surplus de toute la fortification soit conduit ainsi qu'il
aux mains. est décrit au second Liure.

Quant à la forme du Rauelin, sera bon la faire de deux pands seulement, sans aucune retraitte d'espaule, afin que sa grande largeur & estenduë couure d'auantage l'entrée.

Que si l'entrée est bien faicte & couuerte sans cét aide; lors je serois d'auis donner la mesme forme & proportion d'vn Bastion ou Boleuard, auec les flancs couuerts qui seront retirez dans le corps du Rauelin: le tout pour les raisons ja décrites.

Quant à la defence du Rauelin, je ne voudrois point abaisser aucuns Flancs dans le Rampart de la Courtine, si ce n'est sur le point d'vn siege: car les Ramparts en sont beaucoup plus commodes, tant pour les Rondes, que pour le Charroy: joints que tels Flancs, & autres lieux destinez pour placer l'Artillerie, sont faciles à faire, & en peu de temps, lors qu'il est requis & necessaire.

Les Quar- Je ne veux obmettre qu'il me semble qu'au Quarré & Pentagone il ne se peut faire chose
ré & Pen- meilleure pour recompenser leurs Angles aigus, que les Rauelins entre deux Bastions, pourueu
tagone se qu'au Quarré, tant simple que composé, le Flanc soit sans Orillon, & posé de vingt thoises; &
peuuent la ligne de defence cent cinquante, ou enuiron. Et au Pentagone, le Flanc aussi sans Orillon de
meliorer vingt-deux thoises & demye, & la ligne de defence de cent quarante-sept vn tiers, comme il a
par Raue- esté dict au Chapitre de leurs demonstration: & que le Fossé d'iceux Rauelins soit de demye lar-
lins. geur & profondeur seulement, afin que l'assaillant ne s'en puisse preualoir pour plus facilement
découurir l'espaule du Flanc, ou s'en seruir d'approche & entrée dans le grand Fossé. Ceste largeur donc me semble suffisante de sept ou huict thoises, & la profondeur d'vne thoise & demye, qui seruira seulement pour tenir en quelque seureté ceux qu'on jettera hors la place pour empescher les approches, ou pour receuoir quelque secours, & fauoriser les sorties. Faut aussi qu'iceux Rauelins soient flanquez de la Courtine, sçauoir des coins prés les Flancs: car encore qu'ils soient fort aigus, & leurs espaces petits, ils suppleront aux defauts des lignes de defence, faciliteront les sorties, couuriront les portes, & donneront beaucoup d'empeschement aux assaillans, qui seront contraints les battre, & razer à coups de Canon, & les rendre inutiles auec beaucoup de difficultez, & perte de temps.

C'est ce que j'ay remarqué sur les desseins precedens, pour plus facile intelligence.

Est aussi à noter, que quand vn Rauelin se peut faire, ayant du corps suffisamment pour resister à vne batterie, autant comme seroient deux Orillons de Bastions; il est à preferer ausdits Orillons: D'autant qu'outre la defence naturelle qu'il apporte aux Bastions de costé & d'autre, il occupe aussi tout le lieu & espace par lequel leurs Flancs peuuent estre battus d'vne mesme & seule batterie; tellement que l'assaillant est tousiours contraint loger son Artillerie vis-à-vis des pointes des bastions, pour ruiner les Flancs, & auec autant d'incommoditez, comme si les Orillons y estoient attachez actuellement: C'est pourquoy je les souuent, & selon les occurrences, j'ay preferé, & prefereray cy-apres les Rauelins aux Orillons des Bastions; joint qu'ils seruent extremement à bien couurir tant les Ponts que les Portes des Villes, comme je le discoureray plus amplement cy-apres.

Par

de Fortification.

Par mesme moyen se pourra aucunement fortifier le Triangle équilateral, si les costez d'iceluy sont de longueur pour receuoir vne Fortification composée. Comme soit posé le Triangle équilateral de deux cents quarante thoises de chacun costé ; Lors conuiendra & sera bon de mettre sur chacun d'iceux vn Rauelin, ayant son Angle flanqué de soixante degrez, afin d'estre égal aux autres Angles flancquez, & composer vne Figure Hexagonale de deux Triangles équilateraux croisez, pour rendre la Fortification quasi égale par tout : & par ainsi ceste place composée sera aucunement tenable deuant vne Armée de trois ou quatre mils hommes, & six ou huict Canons, selon les proportions premises, & deuant dictes ; auec puissance neantmoins de faire & acheuer les Bastions, ou Bouleuards, si le temps & les moyens le donnent & permettent. Cecy est remarqué, & se peut cognoistre par les lignes tracées de petits points sur le desseing de la Figure precedente du Triangle, moyennant qu'iceluy Triangle soit posé simplement équilateral, & de la grandeur predite.

J'adjousteray encor' à cecy, que les Rauelins ainsi mis pourront auoir l'Angle flanqué plus ouuert, si la Courtine est de longueur pour donner suffisamment vn corps flancquant.

2. Si vne autre Courtine droite fossoyée est proposée à fortifier, de laquelle la longueur soit suffisante pour receuoir deux Bastions ou Rauelins ; Alors faudra faire la Fortification semblable à celle de l'Hexagone : c'est à dire, qu'il conuiendra bastir deux Bastions joints M & N, selon les mesures & proportions de l'Hexagone, comme la Figure cy dessoubs le monstre, (c'est ce qu'on appelle vulgairement Tenaille) comme il a esté dict : par ainsi ceste Fortification sera ample & spatieuse, pour contenir des Soldats & autres gens de guerre suffisamment pour defendre la *Tenaille.* place.

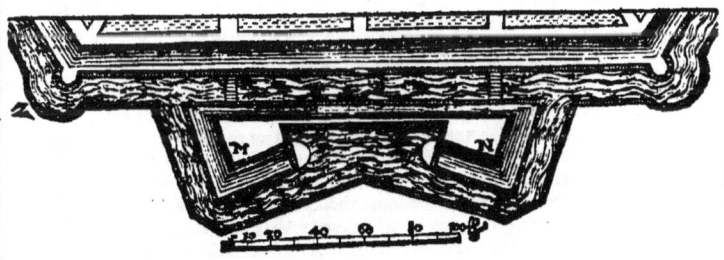

3. C'este Tenaille ayant son Angle flanquant de cent cinquante degrez, est la premiere & la moindre de toutes les autres Figures Regulieres, comme il a esté monstré : Et partant si la Courtine proposée est de longueur suffisante pour receuoir la Tenaille du Dyodecagone, qui est de cent vingt degrez pour son Angle flanquant, faudra faire la Fortification de mesme ; sçauoir les deux Rauelins K & L, ayant leur Angle flanquant C D E de cent vingt degrez : car le Dyodecagone a deux Bastions sur vne Courtine ou ligne droicte, comme il a esté monstré.

Troisiéme Liure

Tellement que si ces deux Rauelins sont conjoints, ils feront vne Tenaille suffisante & bastante pour endurer vne grande & violente batterie, & aura de l'espace assez pour contenir le nombre d'hommes necessaires à la defence: C'est pourquoy ceste façon me semble meilleure que de faire des Rauelins separez, si ce n'est qu'vn siege presse de faire autrement; car alors je ne seroye d'auis de les joindre, à cause qu'ils sont & l'vn & l'autre plustost en defence & à moindre frais: pourueu neantmoins qu'ils soient bien flanquez & defendus de la Courtine, afin que la perte de l'vn ou de l'autre n'en soit si dangereuse.

Mais faut noter que les Angles flanquans doiuent par tout estre esgaux, afin que l'assaillant ne prenne point occasion d'attaquer la place par les extremitez de la Courtine proposée, qui sont les endroits les plus foibles, selon l'art de bien assaillir. Et partant faut donner aux Rauelins telle forme qui se presentera, encor' que le dessein en soit mal agreable, & mal proportionné: Car le profit & commodité sont à preferer à la beauté d'vn dessein.

L'Angle A B C sera doncques esgal à l'Angle C D E comme à l'autre E F G: & le surplus de la Fortification, sçauoir des espaules & flancs, se fera comme il a esté dit au Chapitre precedent.

Pour le regard de leur defence, je ne seroye d'auis (pour les raisons premises) de faire ny abaisser dans la Courtine proposée, aucuns Flancs ny Cazemates, si ce n'est par necessité sur le point d'vn siege. Mais il faut encor' noter, que si le Fossé de la Courtine proposée se trouue de trop excessiue largeur; alors conuiendra construire dedans vne partie d'iceluy, les Rauelins ou Tenailles detachées, en sorte qu'il n'y demeure seulement que douze toises ou enuiron de separation entre la Courtine & lesdites pieces, afin que les entrées & sorties en soient mieux couuertes, & par consequent plus dificiles à ruiner par l'assaillant: joint aussi que la defence desdites pieces en sera plus prompte & aisée: autrement faudra faire la Fortification suiuant ce qui sera enseigné cy-apres au Chapitre des Ponts, Chaussées, & passages de Riuieres.

DES

DES FLANCS FICHANTS.

CHAPITRE XI.

R les Rauelins ou Baſtions eſtans poſez ſur vne Courtine droite, comme il a eſté dit, engendrent vne façon de Flancs (que les Italiens apellent Fichants): d'autant que la ligne de defence qui en procede n'eſt point parallele, ny au long du meſme Pand, comme les lignes H C, & I E, de la Figure precedente, & de ceſte-cy, le demonſtrent. Et ceſte ſorte de Flanc eſt excellente, conſiderée ſeulement en ſa ſimple Cazematte, de laquelle on découure tout le Pand, ſans que l'aſſaillant la puiſſe facilement emboucher ny endommager, que premier l'eſpaule ne ſoit ruinée. *Flancs Fichants.*

Mais cecy ne ſe doit pratiquer qu'és places qu'on raccommode, & non és places neufues & taillées en plain drap, pour les raiſons qui s'enſuiuent, & leſquelles ſont deduites au long en la Reſponce que le Roy a faicte aux Venetiens l'an mil cinq cents nonante-quatre, ſur l'aduis qu'ils luy demandoient, touchant la fortereſſe de neuf Bouleuards de la nouuelle *Aquilée*, autrement *Palma*, qu'ils ont baſtie en Friule, tant contre les Turcs, que contre ceux d'Auſtriche: Laquelle Reſponce fut par moy redigée & couchée ſelon les termes de l'Art, ſuiuant le commandement que ſa Majeſté m'en fit. *Reſponce du Roy aux Venitiens.*

Le deſſein en tel: Les deux Baſtions ſont flancquez du milieu, ou du moins du tiers de la Courtine, & par conſequent ont les Flancs fichants: Dont s'enſuit que la Fortereſſe eſt meilleure que les autres, qui n'ont ſeulement pour defence que les Flancs.

A quoy je reſponds, que la Fortereſſe ne doit point ſeulement eſtre conſiderée en ſes Flancs, mais en toute la ſuite des Flancs: comme l'eſpeſſeur des eſpaules, la capacité du Baſtion, la longueur de la ligne de defence; bref tout ce qui appartient à quelque partie eſſentielle de la Fortification, pour la rendre proportionnelle à la puiſſance des aſſaillans. *Conſideration de la Fortereſſe.*

Il reſte donc de monſtrer, que la premier maniere de fortifier, décrite & demonſtrée au ſecond Liure, eſt meilleure que celle-cy.

2. Soit

Troisiéme Liure

2. Soit pour exemple l'vne des faces de l'Enneagone, representée auec son Angle flanquant de cent trente degrez, comme A B C, & les Angles flanquez droits, qui tireront leur defence tant de B (qui est le milieu de la Courtine) que des Flancs fichants D & E: Apres soit consideréé l'autre Fortification, qui a la Courtine retirée comme H I, & les Flancs selon la ligne droite A B I, & C B H: Ie dy que ceste derniere est meilleure que l'autre, par-ce que les deux corps F H D A, & G I E C, sont plus difficiles à ruiner, pour rendre ce front en ligne droicte F G, que les deux autres K D A, & L E C, qui n'en sont que parties: joint que la puissance des Flancs fichants demeure tousiours en ces grands corps, & le moyen de se mieux retrancher & defendre.

Tellement qu'il est aisé à conclurre, que toute Fortification flanquée du milieu de la Courtine, & des Flancs fichants, se pourra rendre meilleure, retirant la Courtine dedans, pour estre flanquée directement: demeurans les Angles flanquans & flanquez sans changement.

Et toute Fortification flanquée directement, se pourra meliorer en augmentant les Bastions, & rendans les Angles flanquans & flanquez plus serrez & fermez, pour auoir vne place flanquée tant du milieu de la Courtine, que des Flancs fichants: mais ce dernier s'entend seulement d'vne Fortification desja faite, qu'on veut rendre meilleure en quelques endroits.

Et faut noter que ce que nous auons dict en la demonstration du Flanc de l'Hexagone, touchant la couuerture d'vne piece d'Artillerie qui tirera en fichant, n'est pas pour approuuer tous

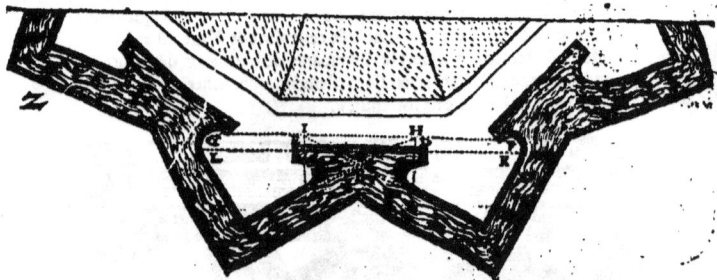

Flancs fichants, mais seulement ceux qui se font sans diminution du corps du Bastion ou Bouleuard; ce qui ne se fait pas en ceste sorte de Fortification flanquée du milieu ou d'vne grande partie de la Courtine.

Mesme aussi ce qui est dict au Chapitre precedent, touchant les Rauelins separez & flanquez de la Courtine, est pour les places contraintes, & qu'on veut raccommoder promptement, afin qu'vn Rauelin estant fait [le siege pressant] ne demeure sans defence.

Il est donc à presumer que le dessein de ceste ville ainsi construite, n'est fait pour autre consideration que pour gaigner plus d'espace dans vn mesme circuit, puisqu'vn dessein de dix Bouleuards peut auoir le corps flanquant egal, la ligne de defence plus courte, & l'Angle flanquant plus serré, sans augmentation de dépence ny de temps pour le trauail, comme il se pourra facilement cognoistre en examinant les desseins. Si on allegue que les Bouleuards sont flanquez du milieu de la Courtine, & ont par ce moyen la ligne de defence plus courte; Ie responds, que ce qui flanque n'est point estimé bon, s'il n'a sa couuerture suffisante pour resister à la violence de la batterie des assaillants: Par ainsi le tout bien consideré, faudra que ceste ligne de defence commence quasi à l'endroit du Flanc fichant, & soit de semblable estenduë. Que si le pas Venitien est de cinq ou six pieds (comme quelques-vns asseurent) le Flanc en sera beaucoup plus ample; mais la ligne de defence sera assujettie à l'Artillerie, selon la mesure qu'on a posé en ce dessein. Et si l'Artillerie & les munitions y sont en grande quantité, & les hommes de guerre en grand nombre: ce sera par dessus la proportion requise. Tellement que les defauts seront facilement recompensez par tels surcroists: mais aussi tels surcroists bien consideretz, surpasseront de beaucoup la dépence de la Fortification du Decagone. Par ainsi ceste place ne doit pas estre simplement consideréé comme Figure de neuf Angles, mais de beaucoup d'auantage. Ie laisse cecy au jugement des bons

de Fortification.   52

des bons Capitaines: & confesse franchement, que ie ne trouue raison, pourquoy vne place de neuf Bouleuard peut estre meilleure que de dix.

Il reste encor' de monstrer vne autre inuention de couurir les Flancs fichans, autre que celles décrites cy-deuant, & qui se peut pratiquer és places contraintes, defenduës de peu d'hommes, & mal fournies de poudres, qui fait craindre plustost la ruine du Flanc actuel que de son espaule & couuerture: laquelle inuention est de defunct Seigneur Roch Comte de Linar, homme fort expert & subtil en toutes sortes de Fortifications, que i'ay voulu icy nommer pour honorer sa memoire.

3. Soient donc tirées les deux lignes de defence jusques aux Angles flanquez, comme E A & D C: icelles se croisans au point M, demonstrent le moyen de ceste couuerture: Car soit fait l'Angle de la Contrescarpe au mesme point M, & tirée la longueur du Fossé, comme il a esté dict au second Liure; Il est tres-éuident que ceste pointe de Contrescarpe (estant entre deux

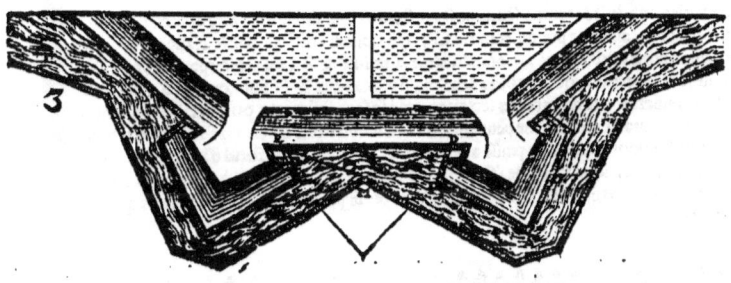

Bastions, & par consequent tres-difficile à gaigner par l'assaillant, comme l'Art d'assaillir le monstre) ostera du tout la veuë des Flans aux ennemys, & par ce moyen se pourra faire la Cazemate grande & ample: laquelle, outre la couuerture de son Espaule, estant cachée par cet autre moyen, sera si commode, qu'elle pourra loger plusieurs pieces, Harquebuziers & Mousquetaires, qui tireront comme en fichant contre le pand assailly, & de sorte qu'aduenant la ruine de l'Angle flanqué († la Fortification posée reuestuë de bonne Muraille) les flancs feront tousiours leurs effects, si les Canonniers, Harquebuziers & Mousquetaires tirent còme en bricolle contre le pand assailly: car les balles ainsi bricollées passeront, & par conseqent offenceront les ennemis venant à l'assaut. C'est ce qu'il falloit dire des flancs fichans.

Il reste à noter, que telle sorte de fortification ne se peut faire sans prolonger la ligne de defence par dessus la premiere proportion décrite au second Liure, ou sans diminution du flanc, comme ceste derniere figure le monstre, en laquelle le flanc D P estant com neau premier Hexagone posé de seize thoises seulement, la ligne de defence D C se trouuera entre enuiron cent vingthuict de longueur. Et si la ligne de defence est posée de cent thoises seulement, le flanc D P sera d'enuiron douze & demye, qui seroit trop peu d'espace pour en tirer les effects pretendus: Tellement qu'il vaut mieux supporter l'imperfection de la ligne de defence, que du flanc; Ioint aussi que pour suppléer aucunement ce défaut, (qui n'est point grand) le lieu M se peut accommoder & retrancher en forme de Rauelin, qui pourra auoir chacun de ses costez enuiron trentedeux thoises de longueur, comme la figure le monstre: mais le tout en sorte que le fossé dudit Rauelin ne soit ny trop large, ny trop profond, pour les raisons décrites cy-deuant au Chapitre dixieme de ce liure.

Et pource qu'au Chapitre troiziéme du second Liure, le Lecteur a esté renuoyé en cet endroict, pour aprendre vne couuerture de porte plus secrette que celles ja decrites: j'ay bien voulu adjouster ceste figure extraitte de la precente, pour monstrer que si l'Orillon
O   du Bastion

† Ce n'est pas pour exclurre de ceste sorte de defence celle qui n'est point reuestuë.

Troisiéme Liure

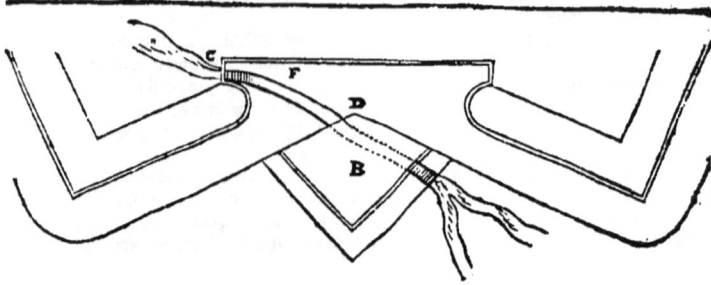

du Baſtion eſt bien conduit & tourné (comme il a eſté enſeigné és Figures Regulieres) il couurira aſſez d'eſpace pour faire vne porte [comme C] qui donnera paſſage par le Flanc, & en ſorte qu'elle ne pourra eſtre embouchée : joint auſſi que la pointe de la Contreſcarpe D luy donne encor' vne autre couuerture, qui eſt aſſez aſſeurée, ſi le Rauelin B ſe fait comme il a eſté dict. Mais il ſe faut ſouuenir que telles portes ſecrettes (qui ſe font ſeulement pour faciliter les ſorties des gens de guerre durant vn ſiege) ne peuuent pas beaucoup ſeruir qu'en vn Foſſé ſec, qui n'aura pas grande profondeur; afin qu'on puiſſe aller & venir aiſément par le fond d'iceluy, ſans aucun Pont, horſ-mis en la partie couuerte de l'Orillon, comme depuis F juſques à C, pour les raiſons ja décrites. Mais ceſte maniere de couurir vne Porte ne ſe peut pratiquer qu'és places qui ont les Flancs fichants.

COMMENT ON DOIT FORTIFIER VNE PLACE DE FORME OVALE.

CHAPITRE XIII.

ES Figures Ouales doiuent eſtre miſes entre les Irregulieres, à cauſe de la diuerſité infinie tant de leurs diametres, que de leurs Angles mixtes; elles ſe pourront neantmoins fortifier auec quelque facilité, ſi leur contenu eſt capable pour|receuoir vne Fortification.

Soit donc la figure Ouale propoſée A, ayant pour ſa longueur deux cents vingt thoiſes, & pour ſa largeur cent ſoixante : Il eſt manifeſte que ſon contenu approche de celuy de l'Hexagone, & partant capable de receuoir ſix Baſtions.

Il faut donc aduiſer que les défauts ſe trouuent ſeulement és lignes de defence, & aux Angles flanquez, qui ne ſont pas de telle importance que ceux des Flancs, & de la gorge du Baſtiõ pourueu que les maximes de ce Liure ſoient obſeruées.

Soit

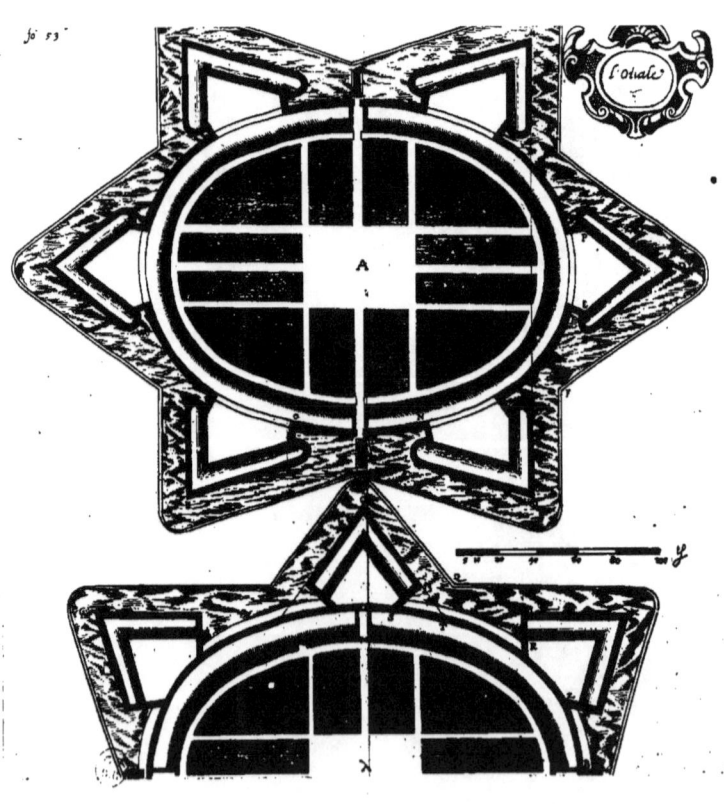

de Fortification.

Soit donc premierement sur la longueur de l'Ouale tiré & tracé l'Angle flancquant H L I M K de cent cinquante degrez d'ouuerture, pour estre egal à celuy de l'Hexagone, & en sorte que les Flancs N L & O M soient de seize thoises : Soit la ligne de defence O H de cent vingt-cinq thoises, au bout de laquelle, & au point H, soit tirée la ligne droite H B Z, parallele au plus petit diametre de l'Ouale, afin de faire l'Angle flanqué H de septante-cinq degrez.

Il est euident que si au point B est tiré le flanc de seize thoises : que la gorge du Bastion sera plus que double au flanc : autant s'en peut faire à l'autre Bastion K. Voila donc vne Fortification appliquée sur la longueur de l'Ouale, qui n'excede aucunement les maximes de ce Liure, & de laquelle les defauts se pourront recompenser, comme il a esté dit au commencement.

Reste maintenant l'autre costé qui est aussi capable de receuoir vn Bastion, estant la ligne droite H Z μ de longueur suffisante à cét effet.

Soit donc tracé iustement & en esgale distance l'Angle flanqué D, en sorte que D esgal à l'Angle H, responde directement au Flanc du premier Bastion : il est certain (le Flanc C E estant pris de seize thoises) que la gorge du Bastion sera encore plus que double au flanc. Tout cecy se pourroit demonstrer geometriquement ; mais à cause de la diuersité des Ouales, & que celle demonstration ne pourroit estre que particuliere, ie l'ay discouru & traitté mechaniquement selon l'aduertissement que i'ay donné au commencement, pour euiter vne prolixité inutile.

Or mon intention est de monstrer ceste place ainsi fortifiée, estre quasi esgale en force par tout. Premierement la face H K a seulement de defaut, que la ligne de defence excede de quelque peu la portée du Mousquet, lequel defaut est facilement recompensé, en ce que les deux Bastions sont placez sur la longueur de l'Ouale, qui est plus difficile à attaquer que la largeur, comme on peut recueillir de ce qui a esté traitté au Chapitre dixiesme du premier Liure : Ioint aussi que si on veut tirer les Flancs N L & O M, par lignes droites perpendiculaires sur K M, & H L, ostant les espaules rondes, il s'engendrera vne autre defence d'vn Rauelin sur la Contrescarpe, lequel ayant son Angle flanqué de soixante degrez, & defendu de N & O, aura pour chacun pand enuiron 35. thoises, & couurira le Pont & la Porte de la place : ce qui tournera à grande commodité aux assaillis.

I'adiousteray encore, que si le Flanc O M est retiré dans le Bastion, comme il est tracé par petits points, en sorte que la ligne de defence soit de cent vingt-huict thoises ; il se trouuera estre de dix-huict thoises, & la Courtine entre les Flancs de septante-quatre, & la gorge du Bastion plus que double au Flanc. Tellement que plus commodement se pourra faire le Rauelin, dont l'Angle estant de soixante degrez, les pands seront de plus de quarante-deux thoises , & aura du corps assez pour bien defendre ceste face, & recompenser la trop grande longueur de la ligne de defence. Mais cecy soit dict pour la Fortification hors œuure, & qui se fait apres coup.

Secondement, les Angles aigus H & K sont aussi recompensez tant par la gorge de leur Bastion (qui est plus que double au Flanc) que par la defence qu'ils tirent de la suite des autres Tenailles, comme pour exemple du Flanc E, qui est fichant sur B H, & qui peut estre couuert tant par son Espaule, que par l'Angle de la Contrescape F, selon l'instruction du Chapitre vnziéme de ce Liure : Ioinct aussi que le mesme pand B H tire deffence du corps de la place (sçauoir dire point Z, iusques au Bastion P E) & que les lignes de defence n'excedent aussi la portée de l'Harquebuze. Finalement l'Angle flanqué D aigu est recompensé par la gorge de son Bastion. Et pource qu'il est plus aisé d'attaquer D, (comme estant situé à l'extremité, & sur l'estroit de la place proposée) il est aussi recompensé en ce, que la Tenaille ou Angle flanquant entre D & H est de cent vingt-cinq degrez d'ouuerture, & par consequent beaucoup meilleure que celle de l'Hexagone : attendu aussi qu'il est plus aisé d'estre retranché sans oster la defence que H B tire du corps de la place : Par ainsi ce Bastion D P E est consideré de la grandeur de D Z. Voila ce qui se peut dire sommairement touchant ceste sorte de Fortification, laquelle par ce moyen doit respondre vne Armée selon la proportion du contenu de la place, & non des Angles flanquans ou flanquiez, ny de leur consequence : car en cét espace peut estre logé certain nombre d'habitans & Soldats, & par iceluy nombre celuy des assaillans est cognu, selon la proportion descrite au premier Liure.

Cela est general pour la cognoissance de toutes autres places Irregulieres. *Reigle generale.*

Il reste à noter, que ceste place proposée comme λ ne peut receuoir aucune autre Fortification qui puisse égaler celle-là : Car encore qu'elle puisse estre estoffée de six Bastions de mesme capacité que les

O ij

les premiers, ayans les Angles flanquez & les flancs égaux, si est ce que la Tenaille qui sera faite sur l'estroit de la place (dont X Y B fait la moitié) ne pourra iamais égaler l'autre Tenaille entre X & ɑ: d'autant que X V S G estant vne ligne droite, & l'Angle ɑ de huictante degrez, la Tenaille entre X & ɑ sera de cent trente degrez: mais l'Angle X estant aussi de huictante degrez, la Tenaille ou Angle flanquant B sera de cent quarante degrez, & par consequent beaucoup plus ouuert que l'autre: laquelle imperfection ne se peut mesme recompenser par aucun Rauelin: d'autant que la distance est trop estroite entre les deux Flancs de ceste Tenaille B, pour bien flanquer vne piece detachée.

Le Lecteur sera aduerty, encore que les Orillons quarrez ou ronds ne soient tracez en ce dernier dessein, si est-ce que par puissance ils y doiuent estre considerez, estant les lignes des Flancs capables, comme au premier dessein : & par ce moyen la gorge des Bastions se pourra tousiours rendre plus que double au Flanc. Cecy donc a esté pour examiner ceste forteresse (comme il est besoin de faire en toute autre) & non pour l'acheuer de tous points.

COMMENT LES PLACES IR-REGVLIERES SONT FORTIFIEES ET RENDVES REGVLIERES.

CHAPITRE XIII.

I vne place Irreguliere est proposé à fortifier comme la precedente (qui est tracée de double traits hachez) ayant son fossé de mediocre largeur & profondeur, plein d'eau, & le Rampart en mesme proportion; & que le Prince ayt temps & moyens d'y faire trauailler à souhait, sans autre consideration sinon de conseruer les logis, & autres bastiments de la place, & faire seruir à la nouuelle Fortification tout ce qui se pourra de l'ancienne, desirant que le dessein nouueau contienne seulement enuiron autant d'espace que le vieil. Alors l'Ingenieur ayant exactement fait & tiré le plan de la place proposée, doit sur iceluy appliquer autres plans Reguliers, iusques à ce qu'il en trouuera vn qui approche & de la forme, & de la capacité d'icelle place proposée, comme il se peut voir par les Pentagone Hexagone & Heptagone cy marquez & appliquez suiuant les considerations tant de la depence, du trauail, que de l'intention du Prince.

Le Pentagone qui est tracé par petits points, demonstre que la place proposee est beaucoup plus grande & spacieuse, & que l'acienne Fortification ne pouuant de rien seruir à ce nouueau dessein, on seroit contraint ruiner beaucoup de logis, & faire vne excessiue despence à remplir les vieux Fossez, pour en faire de nouueaux, contre l'intention du Prince, comme il a esté dict.

L'Hexagone tracé & marqué par vne simple ligne, tient à peu-prés autant d'espace & de lieu que la mesme proposée, & occupe vne grande partie de la vieille Fortification : C'est à dire, qu'vne grande partie tant des Fossez, que des Ramparts, seruira au nouueau dessein de l'Hexagone.

L'Heptagone marqué seulement par les pointes de doubles traits ponctuez & cottez par le chifre

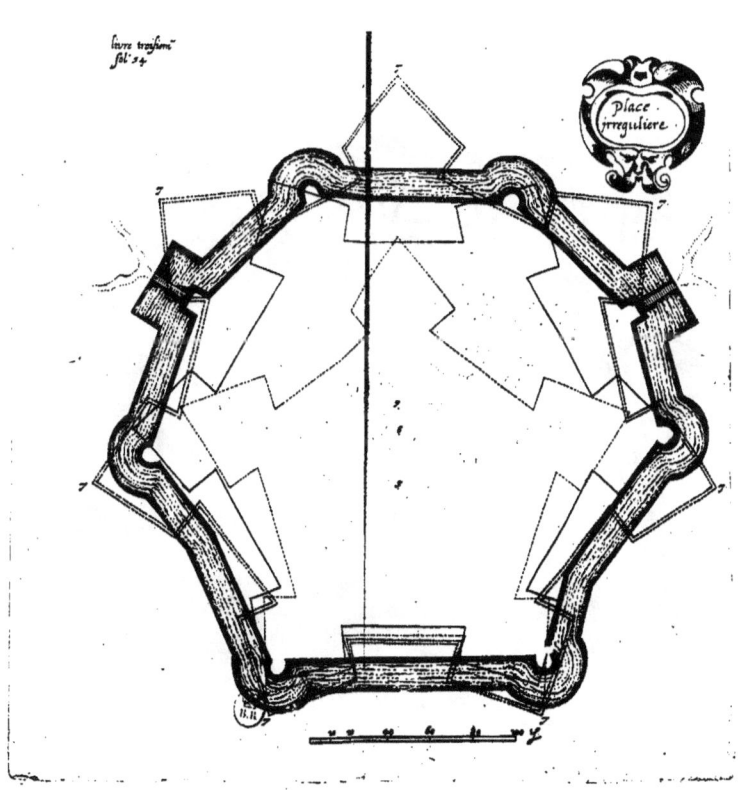

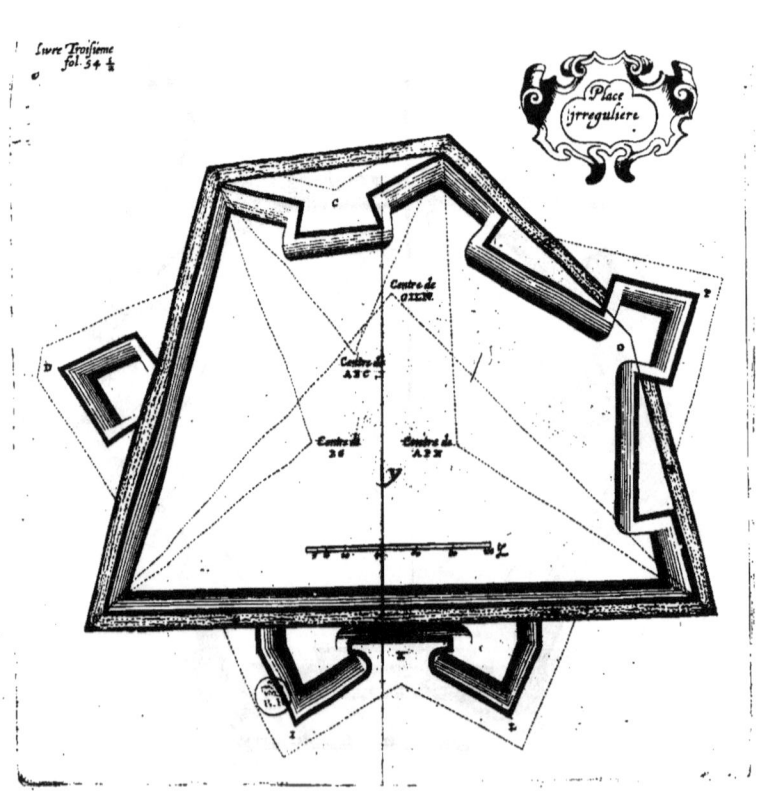

de Fortification. 54

chifre 7. se trouue bien plus ample & spacieux, mais de bien plus grand frais, & de long trauail: car l'ancienne Fortification n'y apporte que fort peu d'espargne, comme il se peut voir par la presente Figure: Tellement qu'il est aisé à conclurre, que la place proposée se doit fortifier selon le dessein de l'Hexagone; & par ainsi se fera place Reguliere, complette & parfaite, comme il est à desirer.

Que si l'intention du Prince estoit de fortifier sa place par quelque nouueau & regulier dessein, sans beaucoup toucher à l'ancienne Fortification, & l'agrandir seulement de l'espace conuenable pour telle entreprise: alors faudroit transposer le Centre de chacune des trois figures Regulieres, & la mettre au milieu de la place proposée: ainsi se trouueroit l'Heptagone plus propre à la Fortification desirée que les deux autres, & toucheroit moins à l'ancien circuit de la place proposée, comme il est aisé à cognoistre par les mesmes doubles traits ponctuez, marquez de sept.

Ce discours seruira pour toutes autres places Irregulieres proposées à fortifier, selon l'intention & volonté du Prince, à laquelle l'Ingenieur se restraindra, selon les considerations premises.

Que si la place proposée se doit seulement fortifier sans aucune subjection de regularité de dessein; je renuoye le Lecteur aux Chapitres suiuans, ausquels est monstré amplement le moyen de fortifier, tant selon la consideration des lignes droites que Angles proposez.

Le Lecteur sera aduerty, que si le dessein de l'Heptagone estoit de trop grande depence & trauail, & que celuy de l'Hexagone fust de trop petite estenduë pour contenir un espace quasi égal à la place proposée: il sera plus conuenable d'agrandir cestuy-cy, tant que la ligne de defence soit la longueur de cent vingt thoises (qui est la portée du Mousquet, comme nous auons dict) que d'apetisser & amoindrir l'autre: car il luy manqueroit par ce moyen la principale partie essentielle de la Fortification, qui consiste aux corps flanquans & flanquez, comme il a este monstré.

DEMONSTRATION D'VNE PLACE IRREGVLIERE FORTIFIEE, QVI SERT AVEC LE CHAPITRE SVIVANT DE RECAPITVLATION A CE TROISIESME LIVRE.

CHAPITRE XIIII.

OVR fortifier vne place Irreguliere proposée, faut considerer premierement la longueur de chacun de ses costez, puis ses Angles: & en chacun endroit appliquer les Fortifications selon les reigles demonstrées tant au second Liure qu'en cestuy-cy. Comme pour exemple, soit la place Y, de laquelle l'vn des costez AB contienne en longueur cent vingt thoises, ayant aux extremitez deux Angles Obtus; il est euident que la Fortification en sera simple, & se fera par dedans en forme de Tenaille, comme ACB, qui aura cent

O iij cinquante

Troisième Livre

cinquante degrez d'ouuerture, & au deſſous, ſelon que les Angles flanquez le permettront: Tellement que ce coſté acheué en toutes ſes autres parties (comme la Figure le monſtre) conuiendra conſiderer l'autre coſté B G, lequel eſtant trouué de deux cents vingt thoiſes, donnera à cognoiſtre que ſa Fortification ſera compoſée, & ſe fera par vn Baſtion ou Rauelin au milieu, qui tirera ſes defences de la Courtine, comme il a eſté dict cy-deuant, & ſera acheué en toutes ſes autres parties, ainſi qu'il eſt marqué D. Si l'autre coſté G N eſt de trois cents thoiſes, ce ſera pour receuoir vne Fortification d'vne Tenaille, ou de deux Rauelins, comme il a eſté montré au Chapitre dixiéme de ce Liure, & comme elle eſt icy tracée en Tenaille ſeulement, H I K L M, (les deux Rauelins ſeparez eſtans aſſez faciles à comprendre). L'autre coſté N A ſe trouuant faire deux pands, & par conſequent Angle au milieu, ſera conſideré premierement en ſes lignes, & icelles poſées, ſçauoir N O de cent trente thoiſes, & O A de ſemblable longueur, donneront à cognoiſtre qu'elles ſeront capables de receuoir chacune vne Fortification ſimple (ſi les Angles des extremitez N & A le permettent:) mais ſe trouuant ces Angles ne pouuoir eſtre diminuez, faudra auoir égard à l'Angle Obtus O, & voir de combien de degrez il ſera ouuert, & trouué de cent cinquante degrez, donnera à cognoiſtre qu'il faudra faire vn Baſtion ou Rauelin ſur le meſme Angle, comme P, & en meſme proportion que celuy de l'Hexagone: d'autant que les deux lignes de defence procedantes d'vn meſme Baſtion de l'Hexagone, & jointes au milieu d'iceluy Baſtion, comprennent vn Angle de ſemblable quantité, comme on peut voir par le diſcours de l'Hexagone. Par ainſi ſe pourront appliquer Baſtions ou Rauelins ſur Angle Obtus, qui receuront la proportion du Baſtiõ de la Figure de laquelle ils approchent le plus: cõme ſur cent vingt degrez, la proportion du Baſtion du Quarré: Sur cent trente-huit degrez, la proportion du Pentagone: Sur cent cinquante, de l'Hexagone: Sur cent ſoixante-ſept degrez, de l'Heptagone, & ainſi de toutes les autres Figures. Mais en cét endroit ie ſeroye d'auis de faire pluſtoſt des Baſtions ſur les Angles que des Rauelins, à cauſe que l'Angle entrant dans la piece detachée, diminué beaucoup de ſon eſpace, & fait que les flancs ſont tous decouuerts, & veus par derriere, & par conſequent inutiles.

Ceſte place ainſi acheuée, pourroit eſtre habitée par huict cents habitans, & gardée par ſeize cents Soldats, ſi les Angles flanquez eſtoient droits par tout.

Que ſi le Foſſé ſe trouue de trop exceſſiue largeur, alors il ſera neceſſaire conſtruire dans iceluy vne partie des Rauelins ou Tenailles detachées, en ſorte qu'il y demeure ſeulement dix ou douze thoiſes d'interualle & de ſeparation entre la place & leſdites pieces, pour les raiſons déduites au Chapitre des Rauelins & pieces detachées: autrement faudra auoir recours à ce qui ſera enſeigné cy-apres au Chapitre des Ponts, Chauſſées, & paſſages de Riuieres.

Ce qui eſt icy diſcouru n'eſt pas pour reprouuer ce que pluſieurs Ingenieurs & Capitaines font ordinairement ſur le point d'vn ſiege, comme petits Baſtions & Rauelins de forme ronde ou quarrée, car neceſſité n'a point de loy (comme on dict) : mais il faut, ſi on toutes choſes bien & ſoigneuſement aduiſer que ce qui ſe fait (ou partit) puiſſe ſeruir à l'aduenir, s'il eſt poſſible, à vn plus grand & meilleur deſſein, & que par ce moyen la depence & le trauail ne ſoient aucunement diminuez, & quelque temps y gagné, pour rapporter le tout à la maxime ſi ſouuent alleguée: Que la depence rapporte de la commodité: le trauail & le temps du repos & aſſeurance, ſelon l'eſperance conceuë.

Cét aduertiſſement auſſi ſera pour retenir ceux qui trop promptement trouuent à reprendre és choſes dont la fin leur eſt incogneuë, & leur ſeruira grandement à bien pezer & digerer les deſſeins, & à quoy ils ſe peuuent ou doiuent rapporter auec toutes leurs circonſtances, auant que d'en faire le iugement: qui eſt vne qualité bien requiſe à tout homme qui ſe veut adonner à ceſte belle ſcience.

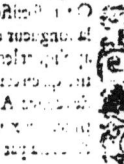

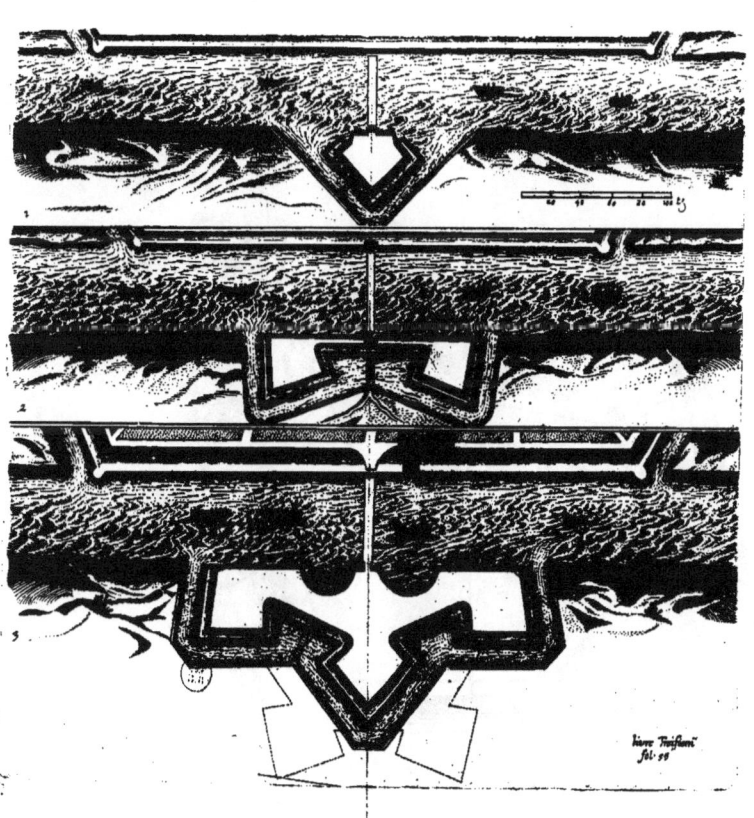

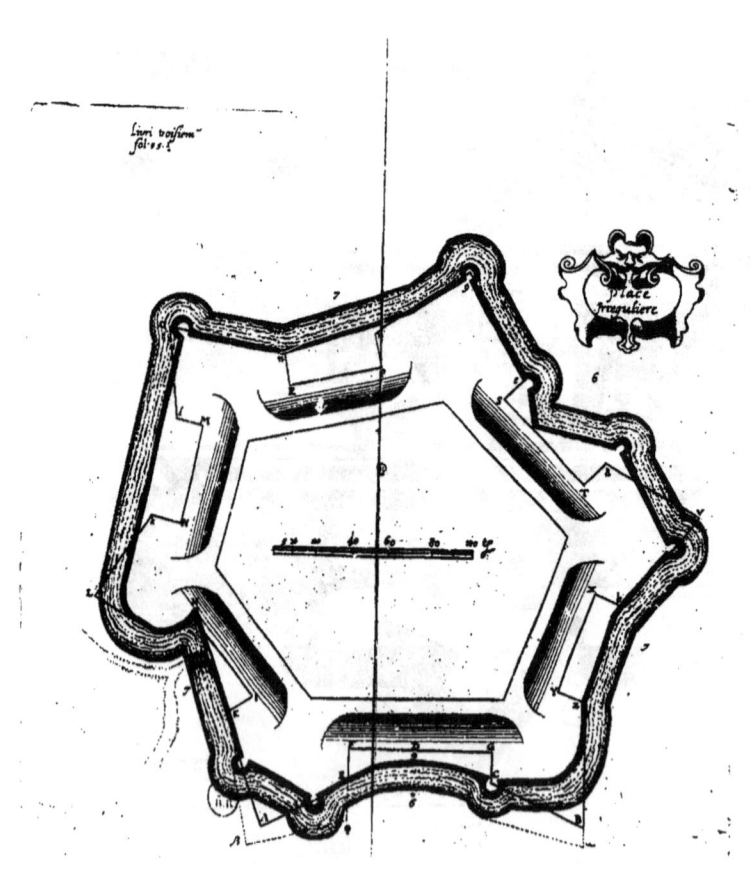

de Fortification. 56

AVTRE PLACE IRREGVLIE-RE FORTIFIEE AVEC QVELQVE ESPARGNE DE TEMPS, TRAVAIL, ET DE'PENCE.

CHAPITRE XV.

Oit la place Irreguliere Ω proposée à fortifier, en sorte que l'Ingenieur face seruir à son dessein tout ce qui se pourra de l'ancien circuit, tant des Fossez que des Murailles d'icelle, pour espargner le temps, le trauail, & la dépence. Soit aussi le circuit d'icelle ce qui est marqué de doubles traits hachez.

Premierement faut considerer la place en general, & regarder à quelle Figure Reguliere sa superficie approche le plus; & posons icelle approcher de l'Hexagone. Il est évident (par les choses demontrées au second Liure) qu'en vain on chercheroit vne Fortification meilleure que celle-cy, qui doit auoir seize ou vingt thoises de Flanc; la Gorge du Bastion double au Flanc, la ligne de defence qui n'excede cent vingt thoises, & les Angles flanquez de nonante degrez d'ouuerture.

Que si l'inclination des lignes oblige de changer ou affoiblir quelque partie essentielle; il faudra qu'elle soit recompensée par quelque moyen extraordinaire, comme il a esté dit en la fin du Chapitre premier de ce Liure.

Soit donc en premier lieu consideré quelle inclination les lignes O R & Q m, ont ensemble : Et trouuant quelles font vn Angle flanquant égal à celuy de l'Heptagone, faut mesurer la distance entre Q & O, laquelle approchant aussi de la distance remarquée entre les Angles flanquez dudit Heptagone : le tire les lignes O n & Q m, pour les pands des Bastions : n R m P pour les Flancs, & R P pour la Courtine : Par ainsi les Flancs se trouueront de seize thoises, & la ligne de defence cent cinq thoises. Voila donc deux parties essentielles acheuées.

Pour la troisiéme, sçauoir que l'Angle flanqué soit de nonante degrez, posons l'Angle Q estre tel : Il s'ensuiura que la Gorge du Bastion sera du moins double au Flanc, comme il à esté demontré au II. Liure : Et posons O seulement de septante-sept degrez; il est évident que la recompense suffisante tant de cecy que de l'autre partie essentielle, doit estre trouuée au progres du dessein du Costé de O L, encore que l'Angle flanquant soit aucunement considerable. Soit donc la longueur depuis O iusques à la rotondité au dessous de L, posée de longueur suffisante pour receuoir vn Angle flanquant plus fermé que celuy de l'Hexagone, & plus ouuert que celuy dè l'Heptagone, & auquel se puissent trouuer toutes les autres parties essentielles (si faire se peut:) Soient donc tirées les lignes O l, & L k, pour les pands k N & l M, pour les Flancs, & M N pour la Courtine. Si les Flâcs se trouuent de seize thoises, c'est ce qu'on requiert pour l'Hexagone : Ainsi la ligne de defence se trouuera seulement de nonante-cinq thoises, & la Gorge du

Bastion

Baſtion quaſi triple au Flanc, qui recompenſe aucunement les défauts paſſez. I'ay donc tiré hors du vieil deſſein l'Angle flanqué L, tant pour fournir aux défauts entre O, L, que pour ſatisfaire au Coſté L, A, lequel poſé de longueur ſuffiſante pour receuoir l'Angle flanquant de l'Octogone, & toutes les autres parties eſſentielles (hors-mis celle de l'Angle flanqué:) l'Angle L auſſi poſé de huictante-ſept degrez, & l'Angle A de huictante-deux : la diſtance entre L & A ſuffiſante pour auoir le Flanc K I de ſeize thoiſes : il ſe trouuera que la ligne de defence I L ſera ſeulement de nonante thoiſes, & l'autre ligne de defence H A de cent, & la Gorge du Baſtion N H quaſi triple au Flanc : Par ainſi la recompenſe eſt trouuée pour le coſté L A. I'ay auſſi mis l'Angle A hors du vieil deſſein, tant pour auoir les longueurs requiſes, que pour accorder le tout auec le coſté ſuiuant, & tirer la ligne droite A E D, qui conuiendra auec B C D, & feront enſemble vn Angle flanquant égal à celuy de l'Enneagone, qui produira des Flancs fichants de ſeize thoiſes, les lignes de défences (tirées des Flics) de cent vingt thoiſes, & du milieu de la Courtine de huictante-ſix ſeulement, l'Angle flanqué A de huictante-deux degrez, & l'autre B de ſoixante-ſept, comme la Figure le monſtre. Par ainſi donc la recompenſe des défauts ſera en l'Angle de l'Enneagone, au Flanc fichant, & aucunement en la defence du milieu de la Courtine, demeurant la gorge du Baſtion I F plus que triple au Flanc.

En apres, l'Angle flanqué B eſtant ainſi tiré hors le vieil deſſein, fera que la ligne droite B Z X s'accordera fort bien auec la ligne droite V b Y, & feront enſemble vn Angle flanquant, comme en l'Heptagone, & produiront des Flancs de ſeize thoiſes, la Gorge du Baſtion G Y quaſi triple au Flanc, & les lignes de defences de cent cinq thoiſes. Tellement que l'Angle B eſt recompenſé par l'Angle flanquant, & par la Gorge de ſon Baſtion.

Finalement l'Angle flanqué V eſtant ainſi colloqué hors le vieil deſſein, eſt pour accorder la ligne droite V a S auec la ligne droite Q e T, qui comprendront enſemble vn Angle flanquant égal à celuy de l'Hexagone : donneront les Flancs de ſeize thoiſes, & des lignes de défences de cent dix : Tellement que l'Angle aigu V (de ſeptante-ſept degrez) ſera recompenſé par la gorge du Baſtion X T, qui eſt plus que triple au flanc.

Tous leſquels défauts cy-deuant décrits, pourront auſſi eſtre recompenſez par les largeur & profondeur des foſſez és enuirons des Angles flanquez, & par autres moyens extraordinaires declarez au commencement de ce Liure.

Que ſi la place ſe trouuoit trop peu ſpatieuſe, à cauſe que les Courtines du nouueau deſſein rentrent dedans, & diminuent de beaucoup la capacité premiere : on pourra jetter quelques Baſtions hors le vieil deſſein, comme β φ, λ ω, pourueu neantmoins que l'Angle flanquant ſoit égal à celuy de l'Hexagone, qui produit des Flancs de ſeize thoiſes, & des lignes de defence qui n'excedent cent vingt, auec la Gorge du Baſtion double au Flanc, & les Angles flanquez plus ouuerts, comme on peut voir en la face entre β & ω, en laquelle la ligne courbe E C ſert de courtine, & l'Angle flanqué ω demeure plus ouuert que le premier Angle B, & la Gorge des Baſtions plus que triple aux Flancs qui ſont de ſeize thoiſes.

Voila donc comment on ſe peut ſeruir en ce nouueau deſſein, tant des vieilles Murailles, que des Foſſez : & m'aſſeure que le bon Geometre qui voudra prendre la peine de bien & exactement examiner cecy, trouuera qu'en ceſte nouuelle fortification n'y a pas tant à faire qu'il y a de faict : Ce n'eſt pas que ie vueille aſtraindre aucun de s'arreſter à ceſte ſeule ſorte : mais mon intention eſt, d'ouurir le chemin aux amateurs de ceſte Science, pour eſpargner (comme il a eſté dit) le temps, le trauail, & la dépence, principalement quand il n'y a point de moyens preſents pour faire mieux, & qu'on craint vne guerre ſoudaine.

de Fortification.

DES PONTS, CHAVSSEES, ET
AVTRES PASSAGES
DE RIVIERES.

CHAPITRE XVI.

I vn Pont ou Chauffées font propofez à fortifier, & que la diftance de la Ville iufques au bout d'iceux n'excede la portée du Fauconneau : faudra faire vn Rauelin, ayant l'Angle droict, moyennant que l'eftenduë de la Ville foit fuffifante pour le flanquer : autrement le faudroit aigu, comme il a efté dict.

Et fi cefte eftenduë ne pouuoit fatisfaire, lors conuiendroit baftir vne Tenaille qu'on tireroit de l'Hexagone, ou de quelque autre Figure, felon qu'elle s'accommoderoit mieux à cefte face & eftenduë de Ville : Et en defaut de tout cela, deux Tenailles fuffiront, qui font trois Baftions, qu'on tirera des Figures Regulieres, felon la commodité du lieu : & par ce moyen l'efpace de ces deux Tenailles couurira de tant mieux le Pont ou Chauffée.

Que s'il n'y a ne Pont ne Chauffée, & que ce foit feulement vn Gué, ou femblable paffage à garder, fera bon faire vn fort de quatre Baftions, c'eft à dire, de trois Tenailles feulement, eftimant le cofté oppofé à la Ville affez affeuré, tant à caufe de la defence de la Ville, que de la Riuiere qui le borde : & ces trois Tenailles pourront eftre prifes des Figures Regulieres, comme les autres, felon que le lieu le permettra : finon fi grandes & amples, pour le moins felon les mefmes proportions, en egard à l'importance du paffage.

Que s'il conuenoit faire encor' quelque Baftion ou Rauelin du cofté de la Ville pour defendre le Pont : le faudra faire à cofté, & non joint au Pont, afin que la prife du Pont ne caufe la prife de l'autre, comme elle feroit s'ils eftoient joints & attachez enfemble. Mais n'y ayant ne Pont ne Chauffée, faudra referuer quelques lieux couuerts, tant dans le Fort, que dans la Ville, pour retirer les Batteaux : Autrement tel Fort feroit de trop petite defence (comme chacun fçait) : & fe trouuera grande commodité pour couurir le Batteaux derriere le Baftion ou Rauelin qui feroit ainfi bafty, moyennant qu'il foit ample & fpatieux : Autrement fera bon faire vne couuerture à la Courtine de la Ville, & par dedans y creufer vn lieu ou haure pour le mefme effect, comme D.

Le Retranchement tant de ces Rauelins, que des Tenailles, fe poura faire comme il a efté dict au fecond Liure, puis qu'il n'y a faute de place pour les faire à fouhait.

Cefte Figure feruira auffi pour faire entendre comment il faudra fortifier & enclorre plus grand efpace, con me pour conferuer quelques maifons, faux-bourgs, ou autres lieux importans: car ce que le premier deffein ne poura faire, le fecond le fera, ou le troifiéme, ou bien les autres en augmentant, que l'Ingenieur accord & aduifé fçaura bien choifir pour la fermeture de la place, auec les circonftances requifes.

P   DES

Troisiéme Liure

DES CITADELLES.

CHAPITRE XVII.

N fait les Citadelles pour les Villes, ou les Villes pour les Citadelles.
Les Citadelles pour les Villes, comme quand vn Conquerant ayant gaigné vne grand' Ville, veut l'asseurer contre la reuolte des habitans, & éuiter la dépence d'vne si grande garnison que requiert telle place. Alors on aduise quelque coing de Ville pour fortifier contre icelle, (comme chacun sçait) & le plus souuent on choisit le lieu le plus estroit & prompt à retrancher, tant pour gaigner le temps, que la dépence : Cela apporte aussi quelque-fois vne grande incommodité, que ceste reuolte aduenant, ou la Ville estant prise, ceux de dedans se fortifient aisément contre la Citadelle, & la mettent comme hors de la Ville : de là s'ensuiuent les pertes, dont nous auons des exemples.

On fait les Villes pour les Citadelles, comme quand vn Roy ou Prince a quelque beau & fort Chasteau ou Citadelle qu'il desire (pour certaines raisons) accompagner d'vne belle ville : Alors il fait tailler ceste place en plain drap, & en sorte que son Chasteau commande par toute la ville, & rend sa place capable pour contenir le nombre de suiets qu'il aura aduisé, logez au long & au large, tant pour y accommoder la garnison suffisante à resister aux efforts de ses ennemis, que pour la beauté & espace des logis & jardinages qu'il veut preferer à la depence & au temps du trauail.

Ie mets ce dessein en auant, non pour nous astraindre à ceste forme, mais pour montrer combien ceste Citadelle A (estant sur vne ligne droite) est plus asseurée, tant contre la Ville, que du costé de la Campagne : Car du costé de la Ville on ne peut entreprendre aucun trauail qui ne soit egal au circuit de toute la Citadelle, comme le demy Cercle de petits points le monstre (chose de tres-difficile entreprise). Les Ramparts H M & N I n'y peuuent nuire, à cause qu'ils sont veuz de costé & d'autre, non mesmes les deux Rauelins L & K, qui sont separez. Les grandes Ruës O P Q R sont commandées du Caualier B, où seront les principales pieces en garde. L'esplanade deuant la Citadelle & Chasteau, est ample & spatieuse pour empescher l'approche.

Pour le regard du dehors, outre la forteresse particuliere de la Citadelle, les deux Ramparts de Ville de costé & d'autre la defendent ; sçauoir du point M iusques à C, & de N iusques à C, n'estant ceste distance excessiue pour Moyennes ou Bastardes, & demeurant le dessein de ceste Citadelle (auec enuiron quinze thoises & demye de flanc) proportionné au Pentagone cy-deuant demontré.

Les choses ainsi premises, la Garnizon ordinaire du Chasteau ou Citadelle sera suffisante de trois cents Soldats, & celle de la Ville de sept ou huict cents, qui est quasi à raison de vingt Soldats de garde pour chacun Bouleuard, outre es habitans qui pourront estre enuiron autant, & possederont chacun plus de deux cents thoises de lieu pour bastir.

Les

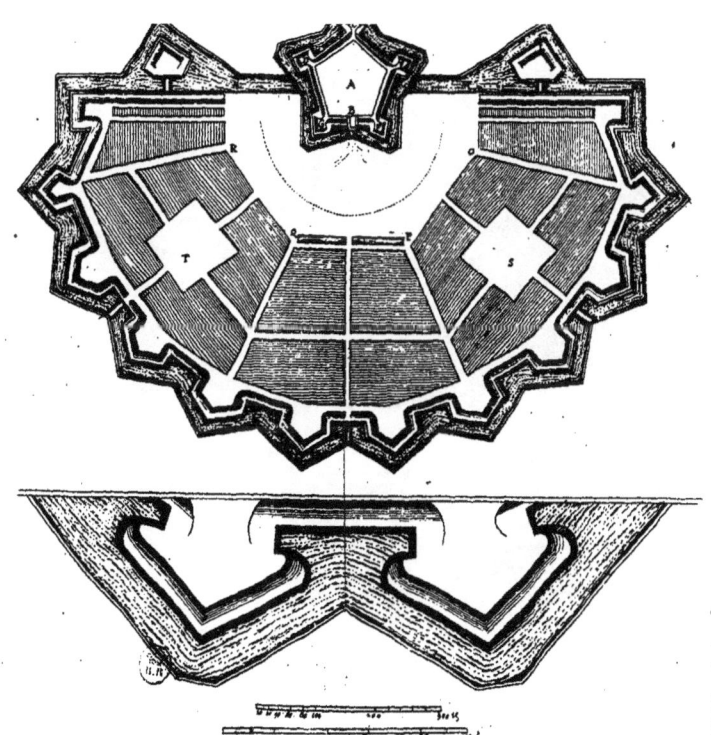

de Fortification.

Les grandes places de Marché se pourront faire comme S & T, & les Ruës collaterales comme elles sont marquées, si autre plus grande commodité ne fait changer. Faut noter en tels desseins que les deux extremitez, comme H V, & I X, sont les plus foibles, à cause que les Angles flanquez ne sont si ouuert, qu'és autres endroits, si on pose les flanquans égaux par tout.

De ce discours naissent deux questions.

La premiere, Pour-quoy ceste place n'est point gardée auec le nombre de Soldats & habitans, suiuant les proportions décrites cy-deuant.

La seconde, Pourquoy les Bouleuards de la Ville sont Obtus, & par consequent ne fournissent point tant de Flanc que s'ils estoient droits, comme il a esté discouru en l'Heptagone.

Ie répons à la premiere ; Que la place ainsi proposée, & la volonté du Prince cognuë, presuppose le lieu estre aucunement eloigné des fontieres : c'est pourquoy ie n'entre point en consideration d'vn siege, mais de la garde simple & ordinaire seulement ; afin que la beauté de la Ville ne se perde par vne trop grande garnison logée estroitement, & incommodant beaucoup les habitans : joint aussi qu'elle ne peut pas estre assiegée ny inuestie si soudainemēt, qu'on n'ait moyen d'y jetter des hommes sans hazard, le lieu estant capable d'y contenir le nombre qui y est requis pour la defence d'icelle. Autrement, il faut par necessité qu'elle soit gardée selon la raison décrite és Figures Regulieres.

A la seconde question ie dis, Que le Prince cognoissant les forces de ses ennemis, ne doit pas construire sa place plus fortement que pour y resister : Autrement seroit perdre le temps & l'argent ; comme pour exemple : Si les ennemis sont posez de vingt mils hommes, auec l'attirail proportionné ; ceste place ne doit estre fortifiée que selon le Decagone, auec l'Angle flanquant ; & les autres parties de mesme : & par ainsi en quelque endroit que l'assaillant la puisse attaquer, il trouuera tousiours vne Fortification (& ce qui en dépend) proportionnée à ses efforts. Voila ce qu'il falloit discourir sur ceste place, en laquelle on remarquera deux choses : Premierement, que la Citadelle est proposée & fortifiée pour resister à dix mils hommes, suiuant ce qui a esté demontré : Secondement, que la Ville est fortifiée selon les regles & obseruations du Decagone, qui peut resister à vingt mils hommes, dont s'ensuit que les deux ensemble, & conjointement, pourroient resister à vne Armée de trente mils hommes, si la trop longue distance des lignes de defence ne l'empeschoit. Que si on objecte que les deux faces du Pentagone D C E ne sont suffisantes pour vne telle resistance ; il sera aisé à demontrer (l'Angle L estant posé droict) que l'Angle exterieur C E M L est meilleur que l'Angle flanquant de la Figure quinze-Angle qui a esté demontrée au second Liure, pouuoir resister à trente mils hommes : Tellement que tant les Fortifications, que autres choses qui en dépendent, considerées & proportionnées, ceste place resistera à vingt mils hommes, comme il a esté dict. Quant à la largeur du Fossé de la Citadelle par le dehors, il sera libre à l'Ingenieur de les elargir pour seruir son dessein.

La Figure de dessoubs faisant le costé d'vn Decagone, ayant l'Angle flanqué Obtus, sert pour faire voir deux Bastions en plus grand volume que la Figure de dessus, formez en Bouleuards, auec leurs Orillons ronds.

P ij   DES

Troisiéme Liure

DES PLACES MARITIMES.

CHAPITRE XVIII.

ES places Maritimes, principalement aucunes de France, situées sur la Mer Oceane, difficilement peuuent estre enuironnées & fermées tout autour de Murailles, Ramparts, & de bons Fossez plein d'eaue, à cause du flux & reflux, & de la tourmente, qui remplissent les lieux vuides, & ruinent les lieux vuides, & ruinent les lieux pleins (comme chacun sçait, & n'entends parler de celles dont l'assiette est de roc) & par ainsi semble que l'aduantage soit fort grand pour les assiegeans, d'attaquer telles places au long de là Mer par les endroits où les Fossez manquent, & où se trouue le plus souuent que le chemin & ferme & asseuré pour y aborder de plain pied. Pour à quoy obuier & rendre à peu-prés la forteresse égale par tout (le costé de la Mer I H A estant posé fortifié, & assez asseuré) faut premierement auoir égard au jugement que les bons Capitaines & Ingenieurs feront de l'assiette: & apres recompenser par Art les endroits plus foibles. Comme pour exemple; si on veut construire sur la Mer vne Forteresse de six Bastions, il est éuident (par les regles premises) que si le lieu estoit plain & égal d'assiette, ceste place fortifiée selon les regles demonstrées au Chapitre de l'Hexagone, resisteroit à douze mils hommes: Mais à cause des défauts qui se trouuent en l'assiette, principalement sur le riuage de la Mer, & és enuirons; en ce cas, si les Capitaines & Ingenieurs iugent qu'il seroit autant facile d'attaquer la place par l'endroit le plus proche de la Mer, auec douze mils hommes, que par le plus éloigné, auec vingt mils; ou par l'entre-deux, auec quatorze mils: alors faut faire l'Angle flanquant de l'endroit plus foible A B C, de cent vingt-six degrez, pour estre égal à celuy du Decagone: C D E de cent quarante & vn degrez, trois septiémes, comme est celuy de l'Heptagone: & le troisiéme E F G, qui est le plus éloigné de la Mer, & posé sans aucun défaut d'assiette, de cent cinquante degrez, comme est celuy de l'Hexagone. Ainsi les Angles flanquez estans de mesme quantité, & les Flancs égaux, la Fortification sera égale par tout, & subsistera contre vne Armée de douze mils hommes, ne se trouuant rien à dire que sur les lignes de defence, esquelles y a quelque difference; mais si petite, qu'elle n'excede point celle qui est entre la portée de l'Harquebuze & du Mousquet: & partant ne sera icy consideree. Voila comment se pourront recompenser les defauts de l'assiette de toutes places plaines par les Angles flanquants, selon toute proportion, pourueu que les Angles flanquez soient egaux & droits, s'il est possible; autrement egaux & aigus, ils presupposent par tout vn defaut : Tellement que la place ainsi fortifiee ne respondroit pas à l'Armée selon les proportions cy-deuant décrites ; & en faudroit rabatre autant comme on iugeroit lesdits Angles aigus apporter de défaut, qui n'est pas neantmoins grand en ce dessein,

estant

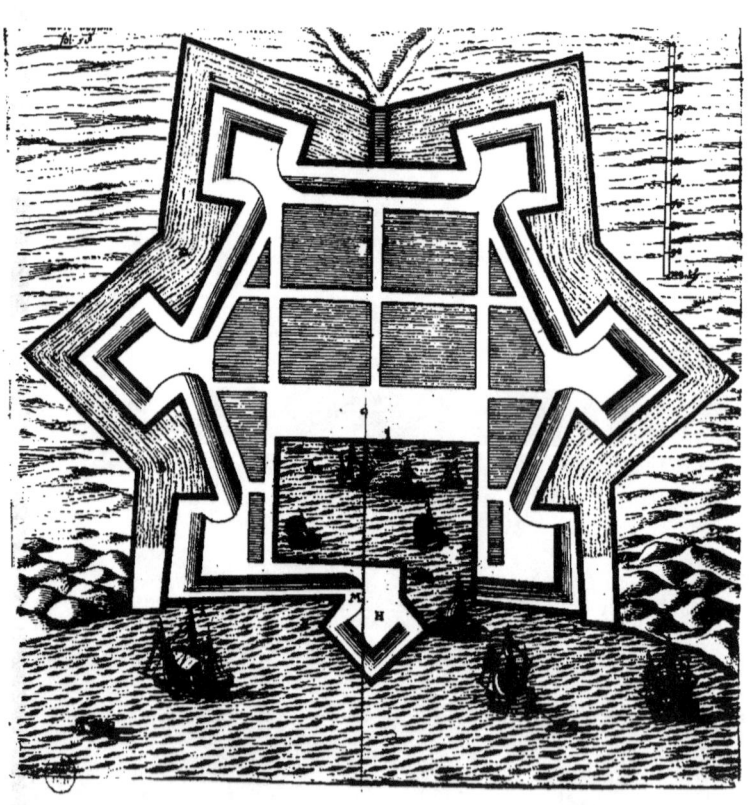

de Fortification.

estant de huitante-deux degrez ou enuiron chacun, & par consequent approchans de bien pres au droict : Ioint aussi que le costé de la Mer, qui est grand & spatieux, & iugé non batable (& par consequent hors d'alarme & d'assaut) peut bien recompenser tel deffaut, outre que le Flanc M N n'est pas aisé à ruiner, ne pouuant estre embouché du costé de la Mer. C'est ce qu'il failloit demonstrer.

Il y a encor' d'autres places Maritimes, comme sont celles de Hollande, Zelande, & prouinces voisines, lesquelles on ne peut en façon quelconque fermer entierement de Fossez, à cause que le pays estant bas, & la Mer surmontant le plan desdites places, on est contraint empescher l'inondation par digues & grandes leuées de terre : tellement que l'apparence du siege est tousiours du costé & au long d'icelles : En ce cas, il est bon de diminuer aucunement de la force du dessein és endroits moins subjets à la batterie, & aux approches, & l'augmenter és enuirons de la digue. Comme pour exemple, en la place Y, dont les costez de la Mer, A, B, C, D, sont tenus pour asseurez, du moins forts assez pour rejetter l'apparence du siege vers la digue A F, au long de laquelle les approches se peuuent faire : Il conuient diminuer de la force de tout le dessein des Bastions G, H, I, pour gaigner vn Angle flanquant capable de bien defendre ce costé : lequel Angle sera suffisant s'il est fait droict comme A E K, & chacun costé de cinquante thoises : car l'Angle droict flanquant vaut mieux que tous les Angles Obtus des Figures Regulieres demonstrées par les communes Sentences du second Liure : & le corps qui a cinquante thoises de front sur vn tel Angle, est plus puissant & fort que toutes les espaules & autres couuertures de flanc qui ont esté décrites cy-deuant : moyennant aussi que la digue soit diminuée & affoiblie en sorte (vis-à-vis de E K) que le Canon la puisse facilement percer & penetrer : car par ce moyen les assaillants seront contraints apporter terres nouuelles pour se fortifier au long de ceste digue, & les assiegez auront tousiours le pand E K si fauorable pour leur defence, que les pieces d'Artillerie qu'ils mettront dessus, ne pourront pas estre facilement demontées, (le lieu P estant posé Mer, ou Marais) & sera en offension continuelle à ceux qui se logeront au long de M A.

Pour le regard des autres Angles flanquans, il sera bon obseruer ce qui a esté dict en ce mesme Chapitre touchant la Figure precedente.

Mais quand il se trouue plusieurs Digues, comme A A A (outre celles qui bordent la Mer) qui sont au milieu de la Campagne marescageuse, & que l'apparence du siege peut estre par tel endroit : Alors sera bon faire vn Angle flanquant, tel qu'il puisse engendrer des flancs amples & spatieux, comme E D, G F, pour y loger plusieurs pieces d'Artilleries de costé & d'autre de la digue, & faire en sorte que le milieu de la Courtine rencontre au droit d'icelle, comme au poinct C : car alors la Digue estant affoiblie (comme il a esté dict en l'autre) elle sera defenduë de costé & d'autre : & mesme s'il est besoin, la Courtine se pourra faire en Tenaille, afin qu'en chacun flanc se puisse loger vne piece ou deux pour tirer le long d'icelle Courtine au point C, & que lesdites pieces ne se puissent découurir ny démonter, estant ainsi tournées & couuertes dans leurs Cazemates.

Au surplus, faudra abaisser la Digue ou Pont B C, afin que des flancs on puisse defendre les pointes L & H, au plus-prés de l'eau que faire se pourra.

Et pour le regard des extremitez O P, si le lieu presse & contraint diminuer & accourcir quelquelque pand, il vaudra mieux que ce soit celuy qui ne peut estre battu que de front, comme M O, & N P, que les autres H M, & L N : d'autant que l'apparence des approches n'estant qu'és extremitez O & P, il faut que la defence des costez demeure entiere, & en sa grandeur, pour estre tousiours en égale offension, aux assaillants.

Le Lecteur sera aduerty que ces trois desseins ne sont point icy representez pour astraindre l'Ingenieur à leur capacité, ny à l'obseruation exacte de toutes leurs parties, ny mesme au nombre de Bouleuards ou Tenailles, mais seulement pour l'instruire à recompenser les défauts de lassiette par quelque inuention qui rende la place en defence quasi égale par tout : Tellement qu'au lieu du premier dessein, qui est vn Hexagone Irregulier, on peut imaginer vn Decagone, ou autre Figure, en laquelle il sera necessaire de compasser toutes les Tenailles, en sorte que les extremitez vers la Mer, comme A & I, qui sont les plus attaquables, soient en égale defence auec les autres, comme il a esté dict. Il se pourra encor' faire

faire assez commodément vn Rauelin à l'endroit du Pont F, pour fauoriser tant les sorties que les entrées, estant la Courtine vis-à-vis assez ample pour le defendre de costé & d'autre, comme la Figure le montre.

Pour le regard des deux autres desseins, on peut recueillir qu'vne place de quelque estenduë & capacité qu'elle puisse estre (en semblable assiette neantmoins) doit auoir sur les extremitez (apparantes pour estre attaquées) de bonnes & amples Tenailles, auec toutes les circonstances cy-deuant décrites, pour en détourner l'assaillant, s'il est possible.

DE L'ORDRE POVR SOVSTE-
NIR LES ASSAVTS.

CHAPITRE XIX.

'A Y sur la fin du deuxiéme Liure touché de l'ordre & de l'aduis que le Chef des assiegez doit auoir pour sustenir l'assaut, & defendre la bréche, auec l'election tant des hommes propres, que des armes & artifices necessaires pour cét effect. I'ay pensé n'estre inutile d'en donner icy, & au Chapitre suiuant, quelque formulaire, tant de l'vne des sortes d'assaillir, que de l'autre: sinon du tout, pour le moins des parties plus requises; comme des hommes, armes, & ordre: reseruant le plus à vne autre fois, & me soubmettant neantmoins pour ce regard au iugement des plus experimentez, qui ne trouueront mauuais ce peu que i'en ébauche pour plus facile intelligence.

Soit donc posée l'Armée assiegeante, & campée comme S T V, auec les trois batteries D C E: le lieu batu & assailly A B non flanqué. Ie dy, en repetant & recapitulant ce qui a ja esté dit, que les assiegez doiuent auec toute diligence porter terres, fumiers, & autres matieres douces, derriere la bréche pour faire masse & couuerture à ceux qui la defendront.

Que le Retranchement se doit faire auec deux Angles flanquans (si faire se peut) comme G Y X F, & son Rampart éleué de mediocre hauteur, en sorte toutesfois qu'il ne soit decouuert des batteries D C E.

Que les sorties & entrées doiuent estre aisées, basses, & en lieu bien defendu, comme I K, pour entrer par l'vne, & sortir par l'autre, afin d'éuiter confusion.

Que ceux qui defendent la bréche doiuent estre Piquiers & Harquebuziers, autãt des vns que des autres, & entremeslez puis que la bréche est en ligne droite, & non flanquée.

Que ceux qui seront appareillez à les soustenir, doiuent estre au pied du Rampart en la place destinée à cét effect (comme entre Y & X) en nombre double au premier, & en armes semblables, pour soustenir iusques à trois assauts, & bailler temps aux autres de s'apprester à mesme fin.

Que ceux qui defendront le Retranchement doiuent auoir mesmes armes, & en mesme proportion, puis que le Retranchement (encor' qu'il soit flanqué) se peut assaillir par tout.

Cesy

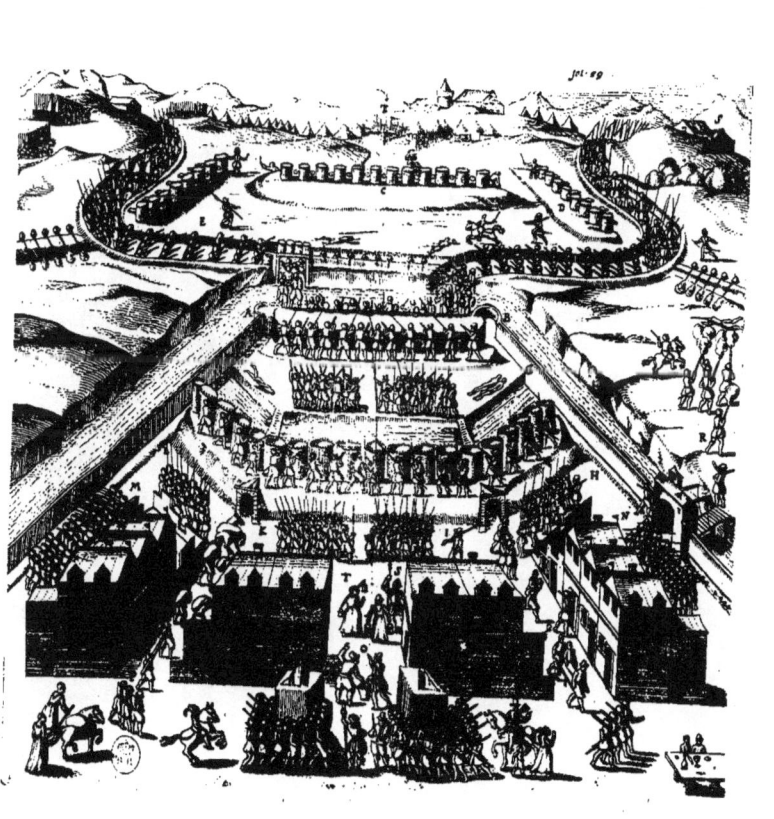

de Fortification.

Cecy ne contrarie point à la maxime, *Que celuy qui flanque doit estre hors d'assaut*: car l'assillant ne peu pas attaquer tel Retranchement par tout auec front & force égale aux assiegez: d'autant que la bréche (qui est comme la porte) est plus estroite beaucoup que le Retranchement: & par ainsi ne peut assaillir par vn endroit: & alors les autres seruiront à flanquer le lieu assailly.

Que ceux qui les soustiendront (comme H S T L) doiuent estre en nombre double, & en mesmes armes (pour les raisons susdites) & au pied du Rampars du Retranchement: en sorte qu'ils soient en squadrons bien proportionnez, afin que l'assaillant ayant gaigné & forcé quelque partie du Retranchement, puisse estre plus facilement repoussé par vne troupe notable, & bien armée; ce qui ne se feroit qu'auec hazard, si elles forces estoient estenduës en long, à cause qu'il est tres-dificile à l'heure d'vn assaut, & en peu de temps, de ramasser ce qui est ainsi épars, & mettre le tout en bon ordre, pour se presenter en corps au lieu forcé.

Telle façon de soustenir m'a tousiours semblé tres-bonne, tant pour cét effect, que pour la deffence de toutes autres sortes de tranchées en la campagne.

Que le surplus des autres forces doit estre en bataille en trois lieux, s'il est possible, comme O N M, afin que de ces lieux on puisse tirer sans confusion les hommes necessaires à telles défences: sçauoir de N & M ceux qui seront destinez à défendre la bréche; & de O, comme d'vne place de ville, où tout le corps, ou la plus-part des habitans sont assemblez pour défendre le Retranchement.

Que les autres efforts qu'on peut faire contre les assiegeans, comme sorties tant de pied que de cheual, doiuent estre en sorte qu'elles n'empeschent aucunement ceux qui sont preparez pour la Baréche & Retranchement; & neantmoins donnent l'alarme au plus prés du lieu assailly qu'on pourra, comme R, pour diuertir (s'il est possible) les premiers ou les plus furieux assauts, & gaigner temps.

Ie ne parle point des feux Gregeois, & autres artifices qui se iettent sur les assaillants pour rompre la violence d'vn assaut, tant pour-ce que cela fait peu à nostre propos (estant vn Art particulier qui merite bien vn discours à part) que pour-ce que telles inuentions retournent le plus souuent à la confusion & ruine de leurs Autheurs: Ie ne les reprouue pas neantmoins, principalement quand faute d'hommes l'Ingenieur est contraint mettre toutes pieces en œuure: mais sur tout la discretion y est tres-necessaire.

COM-

Troisiéme Liure

COMMENT IL LE FAVT DEFENDRE QVANT ON EST ATTAQVÉ PIED A PIED.

CHAPITRE XX.

NOVS auons amplement discouru au Chapitre precedent de l'ordre qu'il faut garder pour souſtenir les aſſauts generalement, & éuiter toutes ſortes de confuſions : enſemble du ſoing, diligence, & iugement que les aſſaillis y doiuent apporter. Il reſte maintenant de dire, & enſeigner comment on ſe pourra garantir & défendre (ou du moins gaigner le temps) contre ceſte maniere d'attaquer pied à pied, dont nous auons parlé cy-deuant, qui eſt comme vn Chancre dangereux, ongeant & minant petit à petit tout le corps, ſi par bons & amples Retranchements, par contre-mines, & autres artifices on n'y pourroit auec l'induſtrie & le trauail neceſſaire. Et encores que ceſte ſorte d'attaquer ſoit par les aſſaillans expreſſément choiſie, tant pour la conſeruation de leurs Soldats, que pour fatiguer les aſſaillis par la longueur, (car elle preſuppoſe vn long temps, comme il a eſté dict) ſi eſt-ce que telle reſolution tournera au profit de ceux-cy, pourueu qu'ils eſtiment touſiours que leurs ennemis n'entreprendront point vn ſi long & penible ouurage qu'ils ne ſoient renforſez d'hommes, d'artillerie, de munitions, & autres artifices neceſſaires pour cét effect par deſſus la proportion preſcripte, (autrement ils ſuccomberont infailliblement comme il a eſté montré) afin que ſoigneuſement ils pouruoient à la fourniture de toutes choſes neceſſaires pour répondre en meſme raiſon au ſurcroiſt qu'ils iugeront de leurs ennemis. On me pourroit là deſſus objecter, que le moyen de ſe defendre contre ceſte ſorte d'empieter eſtant commun tant pour les places non fortifiées, que pour celles qui le ſont, & pour leſquelles on a tant & tant conſommé d'argent, de trauail, & de temps; la Science de fortifier que i'ay enſeignée, & les moyens qui en prouiennent pour ſe défendre ſont du tout inutiles, & ne peuuent rien apporter que la ruine du Prince, de ſon pays, & de ce qui en dépend, puis qu'il eſt vray-ſemblable que l'aſſaillant choiſira touſiours ceſte ſorte d'attaquer, pour rendre la dépence, le temps, & le trauail de ſes ennemis inutiles & vains. A quoy ie réponds, qu'il eſt bien plus vray-ſemblable que l'aſſaillant aduiſant au ſiege d'vne place non fortifiée, (s'entend ſelon que la Science & l'Art l'enſeignent) ne choiſira iamais ſi toſt ceſte ſorte de attaquer & empieter, qu'il fera au ſiege d'vn autre bien fortifiée, ſelon les regles & preceptes de la Science : car en celle-là tous les défauts ſont pour luy ; il fait ſes approches auec moins de peril, il trauerſe le Foſſé ſans crainte de part ny d'autre, il vient au pied de la bréche ſans autre ſoin que ſe garder de front, il monte auec plus de liberté & ſeureté (ſeureté ſe peut trouuer parmy la violence des armes) : En fin, il fait meſme ſeruir à ſon aduantage le premier trauail de ſes ennemis. Et en celle-cy, tout ce qui eſt fait eſt contre luy : car il fait

ſes ap-

de Fortification.

ses approches estant continuellement trauaillé par le costé : il ne peut regarder le Fossé sans frayeur, considerant le peril de le trauerser à la veuë d'vn Flanc fourny d'Artillerie, Mousquetaires, & Haquebuziers : la breche qu'il peut faire ne luy semblera iamais raisonnable, ny la ruyne suffisante, pour monter vn tel Pont, à faute d'vn Garde-fou : & que non seulement vn Flanc, mais aussi tout le corps d'vn Bastion luy empesche le dessein de son assaut : Tellement que toutes ses considerations, ou plustost perplexitez, le font resoudre à faire dans le Fossé des trauerses bien couuerte à l'espreuue du Canon d'vn costé, pour loger petit à petit ses Soldats à la bréche, en sorte que l'vn face non seulement sa place, mais aussi celle de son compagnon, celuy-cy d'vn autre, & ainsi en croissant, tant qu'à la fin la bréche estant en toute sa longueur saisie insensiblement, le si ont de ses Soldats soit égal, ou plus grand que celuy des assaillis, & que par consequent il face quitter la défence de la bréche, & s'en rendre tellement le maistre, qu'il la joigne à son camp, & y mette ses milleures gardes, pour apres continuer son progrez (s'il luy est possible.) Toutes ces choses ainsi conduites, donneront assez de temps & de moyen aux assiegez, tant pour attendre quelque secours, que pour trauailler contre tels efforts, auec ce que le bon Ingenieur sçaura bien faire seruir à ceste nouuelle défence, tout ce qui aura esté construit en la Fortification, comme il sera montré presentement. Tellement que la proportion demeurant en toute sorte entre l'assaillant & assailly, l'vn ne succombera point deuant l'autre que par les accidents dont nous auons parlé au troisiéme Chapitre du premier Liure.

Ie prendray donc pour subject de ce discours, le Boulcuard battu par la pointe, décrit au Chapitre vingt-neufiésme du second Liure, en l'article quatriéme ; & posé qu'il ayt son Angle flanqué droit, ses deux pands de soixante thoises chacun, son flanc de vingt-cinq, & la gorge de cinquante thoises, & que l'assaillant auec ses trois batteries A A A ayt ruyné l'Angle, & y fait telle bréche comme F G : Que ces premieres tranchées d'approche soient B B : que les trauerses dans le Fossé soient D D : les secondes approches C C : les autres trauerses E E, à l'espreuue du Canon du costé que les assaillans peuuent estre offensez des flancs : Que les contremines décrites au Chapitre cinquiéme du premier Liure ayent ja fait leur effect, ou soient rendües inutiles : Que la bréche soit de telle estendue qu'on y puisse mettre de front quatre vingts ou cent Soldats : Que les assaillans y ayent trouué quelques gabions ou sacs pleins de terre, & autres choses pour seruir de couuerture contre les assaillis, que mesme on en soit venu iusques là, que de loger & placer deux Canons comme H H, pour tirer contre les Retranchements. Ie dy que l'Ingenieur doit auoir preueu ceste sorte d'attaquer, & par consequent donné ordre à se retrancher comme N M L, en sorte que les deux Cazemates R R facent mesme effect par dedans comme elles deuoient faire par le dehors, & puissent bien defendre le pands ◦ L & ◦ N. Que la Courtine de ce Retranchement soit droite, & en sorte que les entrées répondent ausdites Cazemates, afin qu'elles soient couuertes de costé & d'autre par les espaules du Boulcuard, & que les batteries que l'assaillant pourroit faire en la campagne ne les puissent offencer. Que la Porte de ce Retranchement soit au milieu d'icelle Courtine comme ⚬, afin que si l'occasion se presente de faire quelques sorties sur les ennemis, elle soit plus commode, & mieux défenduë de costé & d'autre. Que le Fossé estant plein d'eauë, le Pont soit de bois leger, & aisé à rompre ou bruler, au cas que l'assaillant ayt tant gaigné, qu'on ne puisse plus faire de sortie. Que le Rampart & Parapet de ceste Courtine soit accommodé tellement qu'en vn besoin on y puisse loger deux Canons E E, pour contrebatre les deux autres H H. Que les deux pands ◦ L & ◦ N, soient de bonne Muraille, s'il est possible, ou d'autre estoffe bien liés & accommodés en sorte qu'ils resistent à la batterie qu'on pourroit faire sur la bréche, & donnent plus de lieu & espace à ceste sorte de demy Bastions. Q Q.

Preuoyance de l'Ingenieur.

Ce premier Retranchement estant ainsi acheué, & defendu par bons Soldats armez, & en l'ordre décrit au Chapitre precedent, & soustenus par les troupes B B B, sera bastant pour resister à tous les efforts que les ennemis pourront faire par assauts (au cas que l'occasion se presentast pour en donner quelqu'vn, comme il s'est veu assez souuent :) Que si l'assaillant continué par Tranchées à faire ses approches vers le Retranchement, il le faudra empescher autant que faire se pourra, selon les moyens accoustumez, mais principalement par les deux Caualiers X X, qui doiuent estre preparez dés le commencement du siege, & que les batteries sont dressées ; mais en sorte qu'ils soient bien reculez dans la place, afin de n'empescher le lieu du second Retranchement S T V : lequel second Retranchement ie serois d'auis commencer plustost

La necessité contraint quelquefois commencer le second Retranchemét deuant le premier.

Troisiéme Liure

plustost que le premier, de peur que l'assaillan changeant d'auis ne tourne tout à coup sa batterie (ou plus grande partie) d'vn mesme costé ; ce qui causeroit facilement la ruine du premier Retranchement, & mettroit la place en hazard. *Cecy soit dict en passent.*

Et pour rentrer à nostre propos, si l'assaillant continuë ses approches par Mines & par Fourneaux qui dissipent les Terraces comme K, il faudra contreminer comme on a accoustumé en tel cas, & faire en sorte qu'au milieu du Fossé du Retranchement il y ayt, s'il est possible, vn autre petit Fossé plein d'eauë, comme O P, afin de voir l'endroit par lequel l'ennemy veut aborder : Que si le fond du Fossé est roc sec, il n'y faudra apporter autre artifice que comme il

Effects des Caualiers. a esté dict du Fossé en general : Seulement faudra bien donner ordre que les deux Caualiers soient placez en lieux qu'ils ne tirent pas seulement sur la bréche, mais aussi qu'ils flanquent le Fossé de ce premier Retranchement, principalement les extremitez où il y a plus d'apparence que l'ennemy abordera, tant par l'vne que par l'autre façon d'attaquer. Si on allegue que l'assaillant pour empescher ceste premiere defence, & prendre quasi tout le Bouleuard d'vn coup,

Considera-tion nota-ble. fera sa seconde trauerse comme Q P : Ie responds que cela seroit aysé en vn petit Bouleuard; mais en celuy-cy, qui a beaucoup de corps, duquel l'Angle flanqué est droict, & chacun pand de soixante thoises ; Il est tres-dificile de faire telle trauerse qui emporte seulement quarante ou quarante-cinq thoises : Car ce qui resteroit de libre entre P & F, seroit suffisant de rompre tel dessein, si ce n'est qu'on vueille dire que desja on presuppose le Bouleuard quicté jusques'r au Retranchement ; mais en ce cas l'assaillant consommera plus de temps, & d'hommes, que s'il venoit par Mines ou Tranchées le long de F P par dedans le Bouleuard mesme : joinct aussi que a Q seroit plus prés des flancs du Bastion voisin, & par consequent en receuroit plus de dommage.

Forme du Retranchement. Pour le regard de l'autre Retranchement S T V, il le faut faire de bonne maniere, & ainsi qu'il a esté dict au Chapitre septiéme du premier Liure : Quant à la forme, elle est icy representée, & décrite aussi au Chapitre vingt-neufiéme du second Liure : l'adjousteray que les deux bouts S & V doiuent répondre à l'endroit des Orillons des Bouleuards, afin d'en estre couuerts contre les batteries du dehors. Pour sa garde, il en sera fait comme il a esté dict au Chapitre precedent de la garde du Retranchement : comme en semblable de ceux qui seront destinez pour rafraichir les premiers (comme Y Y Y Y) auec l'ordre & police Militaire requise.

Bateaux couuerts. I'y ay adjousté les deux Bateaux couuerts Z Z, pour montrer qu'il ne faut rien laisser en arriere de ce qui peut fatiguer & tenir en alarme les assiegeans. Ie laisse ce qui se pourroit dire des autres inuentions, afin d'éuiter prolixité, & mettre fin à ce troisiéme Liure.

Fin du troisiéme Liure.

LE QVATRIEME LIVRE DE LA FORTIFICATION,

DEMONTREE ET REDVICTE EN ART PAR FEV I. ERRARD, DE BAR-LE-DVC, INGENIEVR ORDINAIRE DV ROY.

AVQVEL EST TRAICTÉ TANT DE LA FORTIFICATION DES PLACES IRREGVLIERES COMMANDEES, TANT TERRESTRES QVE MARITIMES.

Reveuës, Corrigé, & Augmenté par A. ERRARD son Neueu, aussi Ingenieur Ordinaire du Roy, suiuant les memoires laissez par l'Autheur.

A PARIS,

M. DC. XXII.

Q ij

LE QVATRIEME LIVRE DE FORTIFICATION,

DES PLACES COMMANDEES.

CHAPITRE PREMIER.

L reste en ce quatriéme Liure de montrer comment se pourront aucunement fortifier les places Irregulieres & commandées de quelque montagne, ou montagnes.

Il y a de plusieurs sortes de commandemens.

Les vns sont de front, les autres de Courtine, & les autres de reuers, ou par derriere. Le second est plus dangereux que le premier, parce que d'vn seul coup il peut nettoyer, (& par maniere de dire) racler & enfiler la bréche, & toute vne grande estenduë de Rampart.

Le troisiéme tres-dangereux, parce qu'il empesche le trauail tant à la bréche qu'aux Retranchements, duquel on ne se peut couurir qu'auec vn long temps, & trauail quasi insupportable : Et quelquesfois ces trois commandemens se trouuent ensemble sur vn mesme lieu.

Et de ces commandemens les vns sont simples, qui ont seulement vne hauteur mediocre par dessus les Ramparts, qui peut estre surmontée par Art & trauail, & ne sont distans de la place que de la portée de l'Harquebuze ou du Mousquet, & au dessous : & pourtant la forteresse est assujettie à vne offension continuelle des Harquebuziers & Mousquetaires des assaillans.

Commandement simple.

Les autres sont continus, qui ont vne hauteur excedant le Rampart, continuant jusques à la portée du Canon, & s'esleuant par dessus le niueau de douze ou quinze degrez, qui est au plus haut point * que l'Artillerie puisse estre braquée.

Les autres sont meurtriers, qui ont plus grande hauteur, & ne peuuent estre empeschez par aucun artifice. Les deux sont loing ou prés comme le premier.

Or telles places ainsi commandées se fortifient pour gaigner le temps & la depence selon qu'il a esté discouru au commencement du Liure precedent, & pour les mesmes raisons.

* Cecy s'étend des batteries ordinaires; car en necessité on ceßit ou abaiße le Canon quasi de quarante-cinq degrez.

1. Il faut donc *que la dépence rapporte de la commodité : le trauail & le temps, du repos & asseurance selon l'esperance conceuë.*

2. *Que*

Maxime décrite sur la fin du Chapitre premier du premier Liure

2. Que l'Angle flanqué soit pour le moins de soixante degrez.
3. Que ce qui sera destiné pour flanquer, soit suffisant pour subsister autant de temps qu'on aura pour pensé.
4. Que la longueur des lignes de defence n'excede la portée des pieces d'Artillerie qui seront dans la place.
5. Que l'Angle flanquant estant simple, soit fait en sorte que l'assaillant ne s'y puisse promptement loger.
6. Que les defauts tant des parties essentielles de l'art, que d'autres, causez par l'irregularité de la place, ou par l'assiette, doiuent estre recompencez par moyens extraordinaires.
7. Que ce qui se fera pour la defence du lieu commandé doit estre plus difficile à prendre que ce mesme lieu.
8. Que tous Rauelins ou Bastions qui se seront pour la mesme defence doiuent estre moins commandez que le lieu qu'ils defendent.

COMMENT IL SE FAVT FORTIFIER CONTRE VN COMMANDEMENT SIMPLE QVI NE SE PEVT ENCLORRE DANS LA PLACE.

CHAPITRE II.

Maxime d'attaquer

L'EXPERIENCE des longs sieges a faict quasi tousiours receuoir pour maxime entre les bons Capitaines, qu'vn place doit estre attaquée & assaillie par l'endroit où la commodité de l'assaillant & de tout son camp se trouue plus grande, sans autrement auoir égard à la foiblesse des assaillis, ny de quelque endroit de la place, pour les inconueniens qui arriuent assez souuent à vne Armée mal campée (dequoy on a assez d'exemples.) Mais pour ce qu'il se faut tousiours défier de la force d'vne place & du secours qu'on espere à cause des nouueaux artifices que l'assaillant peut auoir auec la dexterité & promptitude iointe à ses forces & moyens ; il sera bon de pouruoir à vne place, premierement par les endroits où les assaillis iugeront le hazard estre plus grand, & que l'Artillerie des ennemis les incommodera le plus.

Or s'il y a endroits que les assaillis doiuent craindre, ce sont ceux qui sont commandes (comme chacun sçait.) Voicy donc les moyens, si non de se bien fortifier, pour le moins de se conseruer plus long temps.

Soit donc premierement posée ceste place ayant ces trois costez assez forts, ou par Nature, ou par Art ; comme par grands fossez pleins d'eauë, par marais, par grandes Riueres,

Riuieres, par la Mer, ou par grands precipices ; & le quatriéme costé sec & éleué par dessus, auec vne Montagne de cōmademēt simple, éloignée de la Ville de la portée du Mousquet seulement, ainsi qu'elle peut estre icy marquée par la lettre B. Il est bien apparent que le siege sera de ce mesme costé : & pourtant (la montagne commandant ne pouuant estre comprise en la fortification, pour les grands frais d'enclorre vn tel espace, & de si longue distance) faut fortifier ceste aduenuë, & bien considerer si elle est capable de deux ou trois Bouleuards.

Et posons l'estre de deux, & qu'elle puisse receuoir vn Angle flanquant assez serré & fermé, sans que les flanquez en soient trop aigus.

Il conuiendra en premier lieu faire la couuerture des flancs ample & spatieuse, pour n'estre point ruinée de la batterie des ennemis.

Secondement, faire les flancs capables pour contenir quelques pieces d'Artillerie, & le tout selon les proportions qui ont esté monstrées és autres places, & en sorte que ces flancs soiēt fichāts, pour découurir les pands des Bouleuards, & n'estre point découuerts d'aucune batterie.

Tellement que ceste fortification estant ainsi aduantageuse, fera changer de dessein aux assaillants, & seront contraints y venier pied à pied, sans s'amuser à cercher & ruyner les flancs par leur Artillerie : & lors il sera à presumer qu'ils feront l'ouuerture en la Contrescarpe, pour descendre au Fossé, le remplir, & y éleuer la trauerse D, afin de rendre le flanc qui le doit defendre inutile, & aller plus seurement à la bréche qu'ils feront à la pointe du Bastion, & (à la faueur de leurs Mousquets & Canons qui y commandent) se loger au haut d'icelle, comme la portion du Cercle F F le montre, pour puis-apres gaigner pied à pied le corps de ce Bouleuard, & déloger les assiegez, qui perderont par ce moyen la defence de l'autre.

Voilà iusques où l'Art d'assaillir se pourra estendre, qui donnera neantmoins beaucoup de temps aux assiegez pour aduiser à leurs affaires : Mais voicy ce qui se pourra faire contre tels desseins par l'aide des Retranchements.

Soit donc premierement (en construisant le front de ceste aduenuë) tirée la Courtine en Tenaille parallelle à l'Angle flanquant, & continuée de costé & d'autre iusques à G, I, par le moyen de quelque Muraille, grandes pieces de bois, Gabions, & autres matieres dont on a accoustumé faire Retranchements : alors si les Parapets des Flancs, & les Cazemates sont razées, & quelque petit Fossé fait tout le long ; il est éuident que ces deux Retranchemēts seront tres-biē flanquez, estans sur vn Angle égal au premier Angle flanquant : Ioint aussi que les deux Caualiers R R peuuēt estre placez en lieu qu'ils les flancqueront tres-bien, ne pouuant pas estre leurs bayes embouchées, ny facilement ruinées (les deux costez de la place posez Eauës, Marais, ou Precipices.)

Que s'il faut venir au Retranchement general, il sera bon de le faire selon qu'il a esté enseigné au dernier Chapitre du second Liure, en la Figure derniere, & ainsi qu'il est icy tracé par les lettres K L M N S Q : Tellement que les flancs L M & S N estans amples & spatieux, & la ligne de defence de la portée du Mousquet seulement, on y pourra rendre vn grand combat, & arrester long temps les progrez des assaillants.

Les deux Caualiers R R le pourront aussi fort bien flanquer, & seruiront de trauerses pour couurir les Courtines R O, R O.

Est encor' à noter, que les deux corps P, P doiuent estre de grandeur suffisante pour n'estre point reduits en poudre par la batterie des assaillants, afin que par aucun artifice on ne puisse attenter à la pointe du Bastion de ce mesme costé.

Le surplus des autres petits défaut seront facilement recompensez, comme il a esté enseigné tant au second Liure qu'en cestuy-cy.

Et faut noter que ce qui est icy dict de la Courtine en Tenaille, ne repugne en rien à ce qui a esté dict au Chapitre vingt-huictiéme du second Liure ; par-ce que là il faut amoindrir la place de tous les costez, & icy seulement d'vn : là il faut trauailler par tout, icy se presuppose la place forte assez de trois costez : là le trauail est long, & icy la besongne se peut faire en peu de temps.

Que si le front à fortifier estoit d'estenduë trop ample pour deux Bouleuards, & trop petits pour trois : Ie serois d'auis de retenir la forme de deux grands Bouleuards seulement, plustost qu'encourir l'imperfection de trois trop petits ; Car en ceste forme là on peut suppléer au defaut de la trop grande longueur de ligne de defence par le moyen d'vn Rauelin entre les deux Bouleuards, lesquels se defendroint aussi l'vn l'autre par flancs fichants : Et en ceste-cy il ne se trouue aucun moyen d'y remedier.

Si donc

Si donc l'estenduë du front N O est de cent septāte-sept thoises, le Flanc pourra estre de vingt, & la ligne de defence enuiron cent trente-sept, laquelle ligne sera recompencée par le Rauelin P, qui est justement au milieu de la Tenaille, & qui sert outre cela de bonne couuerture aux Flancs ainsi qu'il a esté monstré sur la fin du chapitre des flancs fichants du troisiéme Liure.

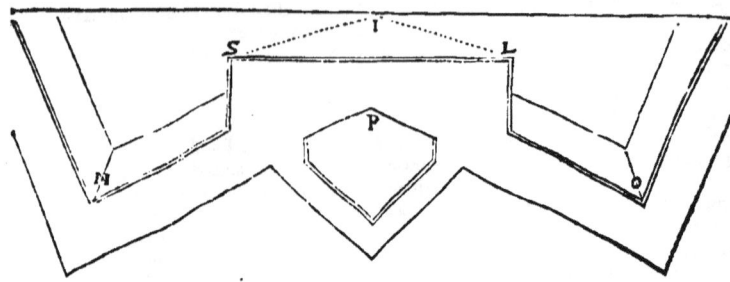

Quant à la Courtine, elle demeurera au iugement de l'Ingenieur, pour la faire droicte comme S L, ou en Tenaille, comme S I L, & ce d'autant que les autres costez de la place sont presuppposez capables pour receuoir les terres, & autres vuidanges surabondantes & superfluës.

Si telle place n'estoit point commandee, elle pourroit estre mise & traittée auec celle du Liure precedent.

COMMENT IL FAVT FAIRE
CONTRE VN COMMANDEMENT
SIMPLE QVI COMMENCE A LA
CONTRESCARPE.

CHAPITRE III.

Ine Courtine droicte est proposée de longueur suffisante pour receuoir vn ou plusieurs Bastions ou Rauelins, & qu'elle soit commandée d'vn commandement simple de front, commençant sur le bord de la Contrescarpe : Il conuiendra faire la fortification sur le lieu commandant, & selon la largeur & capacité de la Montagne, afin que (le commandement estant par ce moyen osté) le lieu se puisse fortifier comme en plaine, (selon les preceptes du Liure precedent) & soit plus difficile à assaillir, ainsi que les Figures tant du plan que de son esleuation demonstrent.

Si la

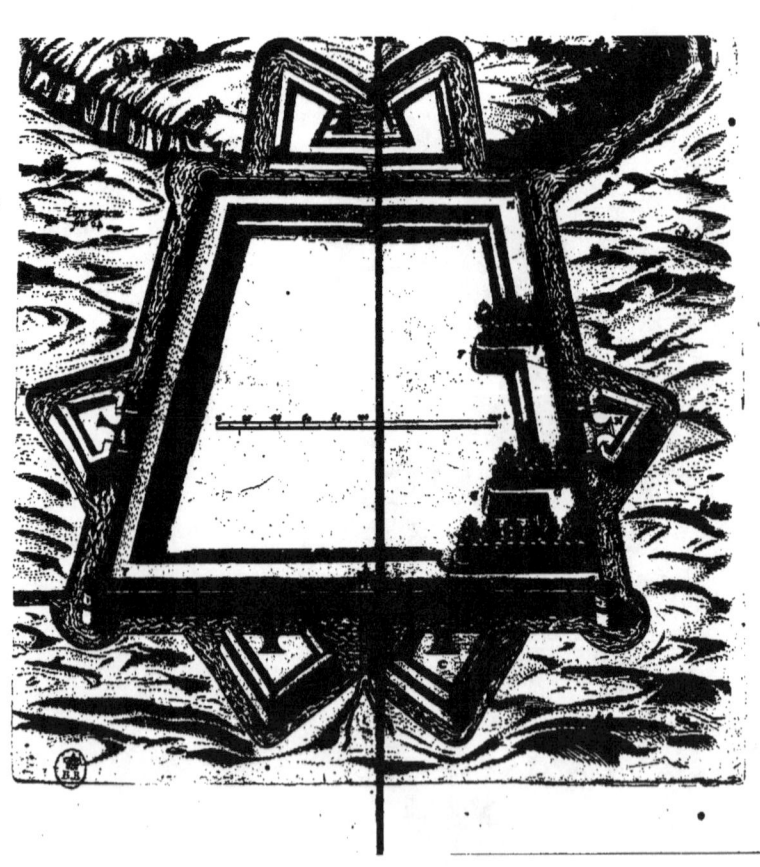

Si la mesme place est attaquée par la Courtine H K, il est bien euident qu'elle sera commandée en Courtine du lieu A, & y a apparence que ce sera depuis H tirant vers I : alors faudra faire le Bastion N, (la Courtine estant posée capable) mais en sorte que l'Angle flanquant M I H soit plus serré que M O K : d'autant que l'endroict assailly est plus foible que O K, à cause du commandement prochain : & ce Bastion doit estre eleué du costé de la Montagne, afin de mieux couurir le dedans, & en oster le commandement. Sa defence sera de la Courtine, mais en sorte que les lieux reseruez pour les flancs, comme les endroits de I & O, soient couuerts de trauerses, ainsi que F F & G G le demonstrent. Et faut noter que le Rampart depuis la trauerse F F iusques à l'Angle H, doit estre fait en montant, afin de rendre le commandement de la Montagne inutile aux assaillants pour cét endroict.

Quant à la ligne de defence du Bastion N, pour defendre l'Angle H ; ie suis d'auis de l'estendre iusques à deux cents thoises, si la Courtine le permet, & si la place est suffisamment fournie d'Artillerie, comme Moyennes, Bastardes, ou autres meilleures pieces ; afin que l'assaillant ne puisse commander au Bastion N qu'à coups de Canons, (qui est autant de diminution de la batterie principale) car autrement le commandement de coups d'Harquebuzes & Mousquets est vne offension continuelle, prompte, & tres-dangereuse, comme chacun sçait. On objectera que l'Angle H estant attaqué pied à pied, ne peut receuoir de defence du Bouleuard N qu'à coups d'Artillerie, qui auront peu d'effect, comme il a esté dict au second Liure : A quoy ie responds, que l'Ingenieur aura bien fait son deuoir, & satisfait à l'intention de son Maistre, quand il aura contraint l'assaillant d'attaquer pied à pied, & non par assaut, la place ainsi commandée : Car par tel moyen il gaigne le temps, & donne le loisir au Prince de mettre & establir vn bon ordre aux autres places & affaires de son Estat.

Ie puis encor' adjouster, qu'il sera tres-dificile à l'assaillant de se loger sur vne bréche qui sera defenduë & commandée de costé, & par le dedans du Bastion que nous auons posé estre eleué par dessus vn commandement simple : Tellement qu'il y a apparence que l'assaillant sera son effort tirant vers A, & ainsi s'approchera du Bastion N, qui luy sera en offension plus proche que de deux cents thoises : Ce qu'il falloit demonstrer.

Que si la Courtine n'est suffisante pour receuoir telle Fortification, faudra faire ainsi qu'il sera monstré au Chapitre suiuant.

Si ceste place est attaquée par K L, & qu'elle soit veuë par derriere, de la Montagne, faudra (outre la Fortification qui se pourra faire sur la Courtine K L Y) eleuer à vingt-cinq ou trente pas du Rampart vne grande & ample trauerse, pour couurir de ce commandement, & auoir meilleur moyen & plus grande seureté pour soustenir vn assaut.

Quant à la fortification qui se fera sur la Courtine K Y, soit d'vn ou plusieurs Bastions, faudra la couurir par la hauteur de la mesme Courtine.

Pour le regard des Retranchements, il en sera parlé cy-apres.

L'Ingenieur notera, qu'au lieu de la Trauerse F F, il se pourra (si bon luy semble, & si les moyens luy permettent) eleuer vn grand & ample Caualier, qui seruira de Trauerse, & pourra commander sur l'estenduë de A, pour empescher aucunement les approches. Autant s'en pourra faire de l'autre costé, & en semblable distance pour commander sur l'estenduë de X.

Par ceste Figure on pourra facilement cognoistre comment se pourront fortifier toutes autres places plus grandes & spatieuses, principalement du costé de la Montagne, qui surmontera par vn commandement simple : C'est à sçauoir en occupant par la nouuelle Fortification le plus de lieu commandant qu'il sera possible (obseruant neantmoins tousiours ceste regle que ce ; qui defend, doit estre defendu.) Et pour le regard de costez qui sont enfilez & veus en Courtine, qu'il n'y aura aucun inconuenient (si la place est fournie de pieces d'Artillerie) d'estendre les lignes de defence iusques à deux cents thoises ; c'est à dire, hors de la portée de l'Harquebuze & du Mousquet, pour les raisons premises.

R COM-

Quatriéme Liure.

COMMENT IL FAVT FAIRE CONTRE VN COMMANDE-MENT CONTINV.

CHAPITRE IIII.

SI vne Courtine droicte est commandée de front d'vn commandement continu éloigné de la portée de l'Harquebuze, ou du Mousquet ; faudra faire vn Bastion, ou plusieurs, selon l'estenduë de la Courtine, ou de la Montagne, comme il a esté dict en la precedente : Mais faut noter (puis que le sommet du commandement ne se peut gaigne) que la Fortification soit faicte selon le pendant ou declin de la Montagne, & non au niueau, ny à hauteur égale, afin que du reste du commandement on ne decouure dans ceste nouuelle Fortification. Et si le commandement commence dés la Contrescarpe, faudra faire la mesme chose sur le lieu du commandement.

Et pour-ce que l'assaillant y pourra découurir facilement de la Compagne, sera bon faire la trauerse entre deux Bastions iusques au point de l'Angle flanquant, ou peu prés, ainsi que elle est marquée en ceste Figure B B, afin de couurir tant de costé que d'autre ceux qui y seront logez attendant l'assaut : car alors il n'y a apparence, que l'assaillant doiue tirer aucun coup au lieu assailly pour la crainte des siens propres. Que si le temps permet d'y faire quelque chose meilleure, faudra faire les deux autres trauerses marquées D D, pour couurir entierement toute la nouuelle Fortification, & donner moyen de s'y proprement retrancher.

Pour le regard du costé E F, s'il n'est capable de receuoir vne Fortification composée, faudra faire la piece H G F au plus loing du commandement de la Montagne, pour les raisons ja décrites. Et afin que H G ne soit commandé de fil du point L, conuiendra faire la trauerse I K, mais en sorte qu'elle couure encor le lieu destiné pour flanquer H G, ainsi que ceste Figure le montre. Quant aux autres costez, il en sera faict ainsi qu'il a esté dict au Chapitre precedent.

Que s'il se trouuoit encor vne autre Montagne de mesme commandement sur le costé V X, & que ceste Montagne ne fust capable sinon pour receuoir vn seul Bastion : alors faudra tourner ce Bastion en sorte que l'vn des pands estant batu de front, ne le puisse estre de fil, ou l'estant de fil, ne le soit de front, afin d'euiter le plus qu'on pourra telles incommoditez, comme le Bastion O P Q le montre. La trauerse R S se pourra faire comme en l'autre costé. Et pour-ce que le Bastion H G F est commandé par derriere, sera bon faire la trauerse Y Z, en sorte qu'elle couure tout du commandement M N.

Quant aux Courtines E F, E V, V X, pour-ce qu'elles sont enfilées & commandées
selon

de Fortification.

selon leurs longueurs ; les trauerses marquées T se feront pour supléer aucunement à tels défauts.

Les autres costez qui sont aussi commandez par derriere, se doiuent fortifier d'vne bonne & asseurée Fortification ; d'autant que le plus souuent ayant remedié aux endroits les plus foibles, & du costé mesme où l'apparence de la commodité inuite les ennemis de camper & attaquer, il peut aduenir que les Citadins seront inuestis & surpris auec quelque necessité d'hommes, ou de viures, & autres munitions, ou seront éloignez de secours, qui pourra faire changer d'auis aux assaillans, & attaquer par les endroits moins preueus, qui sont ceux-cy, esquels on ne peut promptement remedier qu'auec vn tres-grand trauail & hazard merueilleux, à cause des commandements des montagnes, sur lesquelles ils pourront placer quelques pieces d'Artilleries, pour tirer incessamment à tort & à trauers, & empescher par ce moyen le trauail tant des retranchements que de la bréche. C'est pourquoy en construisant la Fortification principale de ces costez-là, il faut quant & quant aduiser tant aux trauerses qu'aux retranchements. Et pourtant sera bon (ayant arresté les deux Bastions α & β) tirer la Courtine entre les deux en Tenaille, au milieu de laquelle se construera le corps ω à vne thoise & demye prés de l'Angle flanquant (afin que sa ruyne n'empesche le jeu des flancs des Bouleuards) & d'espesseur suffisante pour couurir de la batterie opposée, les deux nouueaux flancs qui seront construits dans le corps mesme de ω, & qui seruiront à flanquer les retranchements φ ρ, au cas que les bréches se facent de ces costez. Ces deux nouueaux flancs estans ainsi couuerts du commandement des montagnes, & ayant ouuerts les Flancs & Cazemates des deux Bastions voisins α & β, seront de bons effects pour la moindre resistance qu'on fera à defendre les Retranchements de front : & mesme ce corps ω estant éleué, couurira le dedans des deux Bastions, & estant prolongé & agrandy du costé de la ville, empeschera que les Retranchements φ ρ ne seront enfilez ny commandez de long.

Ceste façon de Fortification doit estre bien considerée en la construction des villes commandées de ceste sorte de commandement, & qui ne peuuent estre secourues promptement, ou sont foibles d'hommes, & de personnes asseurées, pour au peril de leur vie faire vn si grand & hazardeux trauail qu'il conuient faire en lieux ainsi commandez.

Elle seruira aussi d'instruction pour la Fortification de toute autre place plus grande & spatieuse, commandé de semblable commandement.

Quatriéme Liure

COMMENT IL FAVT FORTI-FIER AV LONG DV DECLIN D'VNE MONTAGNE.

CHAPITRE V.

L y a encore cecy à considerer en la Fortification qui se fait sur vn pendant, & au long du declin d'vne Montagne: C'est qu'il faut tousiours oster l'enuie aux ennemis d'attaquer la place par le lieu le plus commandé, pour les raisons cy-deuant alleguées: & pourtant faudra fortifier en ceste sorte.

Soit le declin de la Montagne comme Z Y, & le lieu le plus haut A Z; & la Courtine proposée Q B, au long de ce declin; le lieu le plus haut d'icelle Q, le plus bas B, & la longueur Q B suffisante pour deux Bastions.

Ie dy qu'il faire le Rauelin D pour defendre le lieu B plus commandé, & le second Rauelin E pour defendre D, demeurant le Bouleuard F au plus haut pour defendre E: mais en sorte que l'espace E soit plus grand, & quasi double à D, & que les pands de bas de chacun Rauelin estans paralleles, facent auec la Courtine vn Angle flanquant plus fermé & serré que les pands de haut, pour les raisons ja décrites, & afin que l'assaillant ayant gagné D, en soit facilement délogé par E, & de cestuy par le Bouleuard F: Et par ainsi en defaut de D, le Rauelin E defendra B parmy le fossé; & en defaut de E le flanc du Bouleuard F suppléra aucunement à ce defaut, combien que la defence en soit plus longue: C'est pourquoy il ne sera aucunement besoin de joindre ces deux corps à la Courtine, mais seulement faudra bien aduiser és entrées, à cause que de la campagne C elles pourroient estre veuës & ruynées, si elles ne sont souterraines & bien cachées.

Et d'autant que le Rauelin E pourroit auoir faute de bonne defence du costé d'en-haut, sera bon tirer le Bouleuard F auec les mesures décrites, & luy donner vn grand & ample corps flanquant, necessaire pour acheuer de ce costé là le surplus de la fortification, selon les regles du second Liure, puis que le commandement en est osté.

Ce qui restera de la campagne haute, se pourra fortifier par l'autre Bastion H, ou ainsi comme la longueur de la Courtine le permettra, estant posé le lieu plain, & sans contrainte.

Il se fera de mesme au costé d'embas B K par le Bastion M, ou comme il a esté montré au Chapitre precedent. Et pour le regard de bien flanquer ces deux Rauelins, conuiendra faire les deux trauerses O N, R L, pour couurir les lieux où se feront les flancs, comme N L, & pour la fin de ce dessein, vn Caualier ample & grand X sera fort necessaire, afin de commander d'auantage

de Fortification. 66

d'auantage tant au declin de la Montagne, & en la campagne, que sur les deux Rauelins. Et ceste façon de commandement sur les deux Rauelins (pourueu qu'il n'excede la portée de l'Harquebuze, ou Mousquet) est tolerable, ne pouuant estre ruyné de la Campagne basse, ou pendant de la Montagne, qui par la trop longue distance ou declin de l'assiette, ne peuuent auoir prise suffisante pour ruyne ledit Caualier.

Le Retranchement de ce lieu bas se pourra faire en tenaille d'angle droit, comme L S T. S'il se fait retrancher par le milieu de la Courtine, il faudra faire comme il a esté monstré sur la fin du troisiéme Liure. Si par le haut, comme il a esté dit au second Liure.

Par ceste Figure on apprendra se fortifier au long du declin d'une Montagne, pourueu que la place occupant une partie d'icelle Montagne, osté le moyen à l'assaillant de la voir en Courtine, & par consequent le desir de l'attaquer par tel endroit.

DES FLANCS COVVERTS
ES PLACES COMMANDEES.

CHAPITRE VI.

Es places ainsi commandées, les flancs opposez à la Montagne se peuuent couurir (outre la couuerture décrite au second & troisiéme Liure) par trois manieres. Premierement d'vne couuerture attachée au Bastion ou Bouleuard, si la matiere dequoy on bastira est bonne & dure, comme pourroit estre celle de Mets ou Sedan. Comme pour exemple, soit la Montagne A le flanc opposé B pour defendre l'Angle C : soit faite sur la baye & ouuerture entre l'espaule & la Courtine, la trauerse de bonne muraille D E, en sorte que le dessous soit ouuert par le moyen de la voute F, quelque peu plus basse que le Parapet de la Cazemate G H : afin que le piece qui sera en B puisse découurir jusques à C, & non d'auantage, & que par ce moyen la trauerse D E par sa hauteur empesche l'assaillant qui seroit placé en A, de découurir en la Cazemate B : le dy que ceste trauerse estant ainsi faite de bonne matiere, & d'espesseur conuenable pour endurer bon nombre de Canonnades, l'assaillant sera contraint d'y faire vne partie de ses efforts, qui sera autant de diminution de la batterie principale, & gain de temps pour les assiegez.

Et se trouuera que la depence sera bien proportionnée au profit qui en reuiendra. Si on craint que la ruyne de ceste trauerse en fin n'offusque le flanc, sera bon creuser bien fort le fossé au des-

R iij

Quatriéme Liure

sé au deſſous de ceſte voute, afin qu'aduenant ceſte ruyne, les materiaux soient comme enſeuelis en la profondeur de ce foſſé, sans empeſcher le jeu du flanc. Le tout neantmoins consideré (comme il a eſté dit) selon la depence & commodité qui en prouient : Comme des autres inuentions suiuantes.

Le second moyen de couuerture eſt au cas que la Contreſcarpe soit de roc : car alors on peut laiſſer entre deux flancs ceſte pointe de rocher qui paſſe l'Angle flanquant, & la percer à certaine hauteur, selon les lignes de defence : afin que des deux flancs on puiſſe par ces trous facilement découurir tout le fond du foſſé au long de chacun pand des Baſtions, juſques à la Contreſcarpe oppoſée seulement : & que neantmoins les flancs ne puiſſent eſtre découuerts ou embouchez, ny des Montagnes, ny du bord de la Contreſcarpe, à cauſe de ce rocher qui sert & de couuerture & de trauerſe, * comme la Figure preſente le monſtre. Et en defaut de rocher, telle trauerſe se pourroit bien faire de bonnes matieres, comme celles cy-deuant ſpecifiées.

*Telle faſon de flanc ſe peut voir au Chaſteau de Sedan.

Le troiſiéme & dernier moyen se fait quand les Baſtions ou Boulenards sont placez sur quelques mottes & lieux éminents, & que leur hauteur eſt grande au regard de celle de la Contreſcarpe : car alors faiſant à l'endroit de l'Angle flanquant quelque maſſe de bonne maſſonnerie, ou de terre, d'eſpeſſeur raiſonnable pour souſtenir quelque effort d'Artillerie, & éleuée de moyenne hauteur, (non ſi haute neantmoins que la Contreſcarpe) je dy que les flancs bas de chacun Baſtion ou Boulevard ne pourront eſtre embouchez de la Contreſcarpe oppoſée, & neantmoins feront leurs effects à l'heure de l'aſſaut : car le pand d'vn Baſtion eſtant battu, fera vne grande ruyne, & par conſequent rendra la bréche fort haute & penible, dans laquelle, & comme au deſſus des ruynes, on découurira facilement du flanc bas par deſſus ceſte motte ou trauerſe ainſi baſtie au milieu du foſſé, comme la Figure le montre.

I'aduertiray neantmoins le Lecteur, que ces deux dernieres inuentions peuuent facilement eſtre pratiquées en vn meſme lieu : car faiſant deux flancs au lieu d'vn (ſçauoir vn bas & l'autre haut) on pourra accommoder la seconde inuention en ſorte que ce rocher percé pourra eſtre laiſſé de hauteur ſuffiſante, qu'il ſeruira à l'effect de la troiſiéme, comme l'Ingenieur accort ſçaura bien juger en conſtruiſant la forteresse : Cela se cognoiſtra mieux par le profil de ceſte derniere Figure, que par la precedente.

I'ay penſé qu'il eſtoit neceſſaire pour le contentement de ceux qui se delectent en l'Architecture militaire, & qui cerchent les ſubtilitez de ceſte ſcience pour ſeruir de remede aux défauts qu'apportent les commandements d'adjouſter ceſte Figure, en laquelle se void l'eleuation & iuſte profil de chacun flanc auec ſa couuerture, & selon l'ordre des trois precedentes.

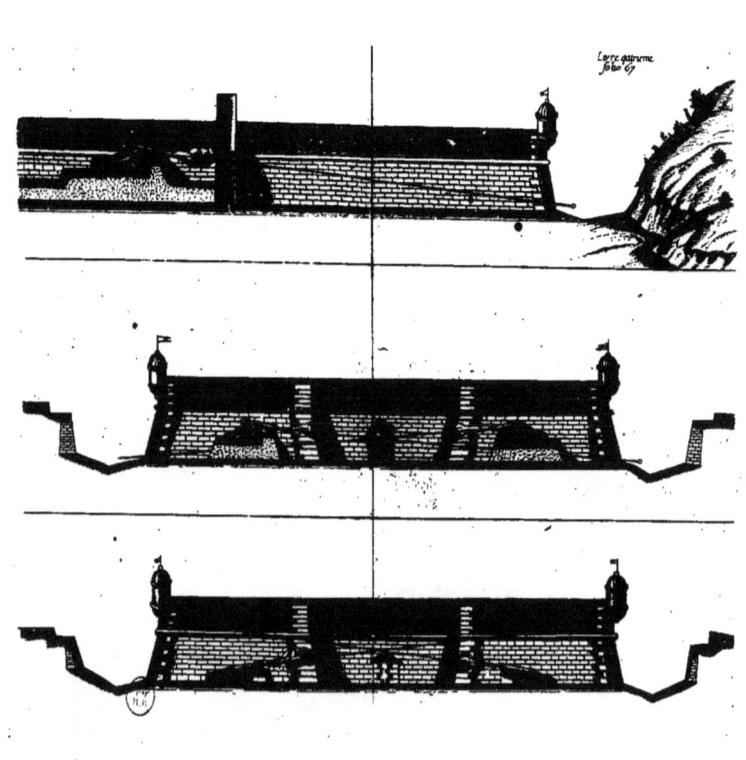

de Fortification. 67

COMMENT IL FAVT FOR-
TIFIER AV DESSOVS D'VN PRE-
CIPICE DE ROCHER, DE COM-
MANDEMENT SIMPLE.

CHAPITRE VII.

I le Prince pour certaines considerations est contraint faire fortifier le long, & au dessous d'vn precipice de rocher, qui soit fort de longue estenduë de costé & d'autre, & de commandement simple ; lors l'Ingenieur sçachant ce que doit contenir ceste place, doit auoir cinq considerations principales pour la construction d'icelle. Premierement, d'estendre la fortification le long du rocher, & au dessus d'iceluy, afin d'y construire autant de Bastions qu'il y faudra pour couurir la place qui sera au dessous. Secondement, que les Bastions ou autres pieces qui seront au dessus, soient éloignées du precipice, & hors de la portée de l'Harquebuze & du Mousquet, afin que les assaillans soient contraints à chaque occasion tirer l'Artillerie, & par ce moyen diminuer autant de leurs munitions. Tiercement, que le reste de la Fortification (qui est vn peu plus esloignée des Bastions qui sont sur le rocher, & par consequent n'en reçoit point tant de defence ou faueur) soit construit en sorte que les Angles flanquans soient meilleurs que les autres, afin de recompencer les defauts de ces longues distances. Quartement, que les Courtines ou pands des Bastions qui seront (comme on dit) veuz en Courtine, & enfilez de costé ou d'autre du reste de la Montagne, soient couuerts par grandes trauerses, & larges, qui à vn besoin puissent seruir de Caualiers, & couurir (s'il y eschet) les Retranchements qu'il faudroit faire. Finalement, que les Magazins, & autres logis d'importance, soient construits au plus près du precipice, afin d'en estre du tout couuerts : Et que ces mesmes logis soient d'vn estage plus hauts que les autres, afin que aduenant que la place soit battuë en ruyne, les Habitans & Soldats incommodez s'y puissent loger. Le tout comme il se peut voir en ceste Figure, en laquelle les trois Bastions S T V sont placez sur la Montagne, & couurent le dessous de la ruyne qui se pourroit faire de front : le Bastion X esloigné, & hors la portée du Mousquet du precipice : l'Angle flanquant entre X & C produisant vn flanc spacieux de vingt thoises, comme il est à desirer selon la proportion de la place. En apres, l'Angle flanquant de la porte Z faict droict, & par consequent tres-bon, comme il a esté montré. La

trauerse

Quatriéme Liure

trauerse Y ample & large, pour empescher que le Bastion C ne soit incommodé du commandement de la Montagne. Finalement, les Magazins D D, & par consequent les logis joignants, bastis & construits à couuert au dessous du precipice pour l'effect predit.

On pourroit objecter, que le Bastion X ainsi esloigné ne pourroit pas fournir de bonne defence au Bastion S, & que ce costé estant par trop assujetty à l'Artillerie, apporteroit les mesmes incommoditez aux assaillis comme aux assaillants : Sur quoy je respondray que le Bastion S ayant ses fossez taillez dans le roc, est beaucoup plus fort & plus difficile à attaquer que les autres qui sont au dessous du precipice, pour les raisons déduites au premier Liure : joint aussi qu'il peut receuoir vne nouuelle sorte de defence, par le moyen des flancs qui seront taillez dans le rocher de la Contrescarpe, au milieu de sa hauteur, (si ceste hauteur le peut permettre) & faite en façon de galleries, par lesquelles on pourra tourner à l'entour de la fortification qui sera ainsi taillée dans le rocher : Tellement que les defauts seront facilement recompensez par semblables subtiles inuentions.

Galleries taillées dans la Contrescarpe.

Telles choses se peuuent voir au Chasteau de Sedan, du costé de la Montagne, où suiuant mon dessein on a fait les galleries de douze pieds de large, & huict de haut, & deux ouuertures vis-à-vis de chacun pand de Bastion, & vn autre à l'endroit de la pointe : les passages pour y entrer y sont aussi taillez dans le roc, & bien couuerts, comme il est à desirer.

Que si le dessus de la Montagne à l'endroit de B se trouue quelque peu éleué plus que à l'endroit des autres : Il sera tres-bon estendre la Fortification jusques là, & y placer le Bastion T, pour decouurir de tant mieux la campagne, & incommoder les assaillans, qui se voudroient loger sur le bord du precipice, pour attaquer la Fortification qui est au dessous.

Pour le regard des Retranchements des Bastions qui sont sur la Montagne, cela a esté monstré. Pour ceux de bas, ils se pourront faire comme il est marqué au Bastion C, & à couuert de la trauerse.

Ie ne parle point du Bastion X, à cause qu'il y a moins d'apparence, estant commandé en Caualier du Bastion S.

COM-

de Fortification. 68

COMMENT IL FAVT FORTI-FIER SVR LE DECLIN D'VNE MONTAGNE DE COMMANDE-MENT CONTINV, A COVVERT D'VN FORT CHASTEAV.

CHAPITRE VIII.

NOVS auons dit au Chapitre dixseptiéme du troisiéme Liure, que les Citadelles sont faites pour les Villes, ou les Villes pour les Citadelles : & nous auons montré la maniere de fortifier en campagne raze les Villes qui sont faites pour les Citadelles : maintenant il se presente quasi chose semblable à faire, mais en lieu commandé de commandement continu : & pourtant nous ouurirons icy quelques moyens de se fortifier, si non du tout bien, pour le moins assez fortement, pour resister autant de temps à l'Armée assaillante qu'on aura pour pensé & aduisé.

Soit donc proposé le Chasteau B sur vn Rocher, & au haut d'vne Montagne, (bien basty, construit & fortifié, tant par l'auantage de son assiette, que par la largeur & profondeur de ses fossez, & en sorte que par tels moyens il se trouue égaler vne bonne & ample Fortification) & que le Prince le veut accompagner d'vne Ville, (qu'il ne peut neantmoins faire construire en autre lieu que sur le declin de la Montagne, à cause de l'incommodité de ceste assiette :) Ie dy que l'Ingenieur doit premierement tirer les deux pands ou Courtines proches du Chasteau, en sorte qu'elles soient bien flanquées de tout le corps d'iceluy : Comme pour exemple, ie le remarque en l'vn des costez de la Ville CD : En apres, que les Angles flanquans au dessous D E F, & F G H soient tels, qu'ils produisent quelque corps de costé & d'autre assez amples & suffisants pour la defence des Angles flanquez D, F, H. Tiercement, que la ligne EF (n'estant éloignée du Chasteau hors la portée de Moyennes & Bastardes) soit tirée en sorte qu'elle soit defenduë d'vne grande partie du corps d'iceluy. Quartement, que les Murailles & Ramparts soient plus éleuez aux Angles flanquez que aux flanquans, afin qu'elles ne soient enfilées ou veuës en Courtine des lieux plus hauts de la Montagne.

Finalement que les deux Bastions HH, & celuy du milieu K soient sur vne ligne droite & parallele au front du Chasteau (puis que ie les pose de niueau) afin qu'ils en soient également commandez & fauorisez.

S   Pour

Quatriéme Liure

Pour les autres particularitez de la Fortification, comme flancs couuerts, & trauerses, il en sera fait ainsi qu'il a esté enseigné en la description des autres places precedentes : mais il faut noter qu'en celle-cy les trauerses que i'ay tracées au dessus de E & G, y sont tres-necessaires, tant pour empescher le commandement de Courtine, que pour couurir les lieux destinez à flanquer EF, & GH : Par ce moyen il n'est besoin de faire en chacune de ces Tenailles, qu'vn seul flanc actuel, c'est à sçauoir celuy qui tire de bas en haut, tant pour ne diminuer la place & les corps flanquans, que pour éuiter vne dépence excessiue : joinct aussi que l'apparence de la batterie n'est pas sur le costé EF, ou GH, (à cause de l'incommodité de l'assiette, & qu'ils ne sont veus en Courtine comme les autres DE, FG.) Quant aux autres Bastions d'embas HKH, s'ils sont veus par derriere du pendant de la Montagne, sera bon y faire des Caualiers, ou grandes & amples trauerses, comme il a esté monstré és autres places cy-deuant.

Quant aux Ruës & places de Marché, elles se pourront faire en sorte qu'elles seront veuës & enfilées du corps du Chasteau, si l'incommodité de l'assiette ne l'empesche.

Il faut noter qu'en ce present dessein le Chasteau estant de niueau sur la sommité de la Montagne ne peut estre representé par plan geometral, ains seulement par perspectiue ; tellement qu'estant tenu & posé egaler vne bonne Fortification, l'eschelle de la mesure ne doit seruir sinon au dessein de la ville.

COMMENT IL FAVT FORTI-FIER VN HAVRE COMMANDE' DI-VERSEMENT DE PLVSIEVRS SOR-TES DE COMMANDEMENT.

CHAPITRE IX.

ENTRE toutes les places qui meritent estre fortifiées, ce sont les bons Havres, pour les raisons que chacun sçait. Or il n'y a rien qui détourne plus le Prince d'employer le temps & l'argent à telles places, que les incommoditez des assiettes : Nous auons discouru au troisiéme Liure, au Chapitre des places maritimes, ce que la Mer apporte de nuisance aux places plaines, & combien la depence y est plus grande qu'aux autres lieux, à cause des rauages & ruynes que sa violence fait aux Murailles & autres machines qu'on luy oppose.

Maintenant on propose vn Havre fort important à fortifier, duquel l'assiette est commandée de plusieurs commandements, & diuersement : & le naturel du lieu décrit comme il s'ensuit. Premierement donc le fond de B est de roc bien dur, qui ne peut estre creusé pour faire vn fossé.

de Fortification. 69

fossé. Le fond de C se peut aucunement creuser pour en faire vn de moyenne profondeur, est commandé d'vn commandement continu de la Montagne Y. Le fond de D est de mesme, mais commandé de front d'icelle Montagne. Le fond de E F G H & I est vn marais profond : E est commandé de front par Y : H est commandé en Courtine d'vn commandement simple de X : I est commandé seulement de front de Z, & a son fond plus bas que K ; & celuy-cy est de la hauteur du commandement Z , & par consequent domine sur I : L & M sont posez estre vn roc qui se peut tailler & creuser pour faire vn bon fossé : Q est posé estre le mesme roc en precipice : O est l'entrée du havre : P est posé sans aucun relief au niueau des sables ; & R de mesme : S est posé vn roc éleué en façon de Caualier : T est vn roc en precipice. D'auantage, les lieux vis-à-vis de Q P R du costé de la Mer sont posez estre à sec pendant que la Mer est basse, hors-mis l'endroit de l'entrée du havre qui est tousiours plein d'eaü , à cause des égouts & courans des ruisseaux qui sont au dessus de la place : car comme chacun sçait, vn bon Havre enfermé presuppose tousiours vne Riuiere ou ruisseau pour vuider les sables que la Mer y amene : voila la description entiere de assiette de ceste place ; il est maintenant question de la fortifier, & apporter à chacun endroit les remedes selon la consideration de l'assiette.

Premierement donc , pour commencer auec le mesme ordre que j'ay tenu à la description , & ayant deliberé de faire tous les flancs de mesme grandeur , ie dy que le pand B peut estre defendu du flanc qui ne pourra estre leué ny embouché à cause qu'on ne peut loger l'Artillerie du costé de la Mer , pourueu neantmoins que le flanc soit acheué de tout point , comme il a esté décrit au second Liure , & que l'on éleue quelque Contrescarpe de Muraille , ou autre matiere , pour empescher que d'abordée on ne vienne au pied du Bastion B ; le pand C doit estre retené à la pointe, en sorte que le commandement ne soit si nuisible, comme il a esté montré au Chapitre precedent. Le mesme pand doit estre mené en sorte qu'il soit flanqué du milieu de la Courtine, afin que par le moyen du flanc fichant, son defaut soit aucunement recompencé, & que le corps du Bastion soit plus grand pour satisfaire à la defence de B. Quant au pand D, il est dit que son fossé peut estre bon ; & outre cela , la Tenaille est assez fermée pour fournir vne bonne defence, outre que la ligne de defence n'excede point la portée du Mousquet , & que ceux qui seront au flanc , & au Bastion suiuant pour defendre le mesme pand , seront tousiours hors d'assaut, à cause du marais qui est posé profond.

Pour le regard de E , il ne peut estre abordé à cause du marais, & est defendu par vn flanc qui ne peut estre embouché, n'y ayant lieu en iceluy marais pour loger le Canon à cét effect. Et pource que les pands E & G estans continus eussent formé vn Bastion trop aigu , & eussent causé des lignes de defence hors de raison : l'ay trouué expedient de les retrancher , pour en faire la Tenaille F ; laquelle , outre qu'elle est au milieu du marais, a assez de corps pour subsister contre vne grande batterie; joint qu'il n'y a aucun lieu pour la battre de front , & à la mire : Que si on craint quelque danger à cause de l'Angle exterieur , il sera aysé de pouruoir par le demy-rond marqué à l'endroit de E. Quant au pand G , il est encor' en plus grande seureté que E, tant à cause du marais que du flanc suiuant, qui ne peut estre battu. Maintenant H a le mesme marais pour fossé ; mais il est commandé en Courtine du commandement simple X, & du commandement continu Y , qui tient par le derriere : pour lesquels éuiter , faut éleuer les deux trauerses ainsi qu'elles sont marquées dans le Bastion : & pour le regard de la ligne de defence, ie l'ay prolongé expressément , & l'ay mise hors de la portée tant de l'Arquebuze que du Mousquet , afin que le flanc n'en soit offencé par le moyen du commandement X : En apres le pand I est commandé de front de bien pres par Z , mais pour supleer à ce defaut , ie suis d'aduis de le mettre auec le pand suiuant K en angle droit, pour auoir vne defence tres-forte, tant par cet angle que par le commandement que K a sur le bastion I H , comme il a esté dit en la description : Il sera bon aussi de faire dans cet angle droit vne retraite qui face contreflant pour defendre la porte , & éuiter l'incommodité de l'angle exterieur simple : Outreplus les deux boulevarts K L & M Q sont posez egaler en hauteur , le commandement simple Z & ont vn fossé taillé dans le roc , de mesme le Pand M est defendu d'vn flanc qui ne se peut emboucher à cause de la mer , comme il a esté dit de B : & quant à l'autre L il est defendu seulement d'vn flanc égal aux autres , qui pourroit estre aucunement incommodé par l'assaillant : Pour aquoy pouruoir il sera bon de tailler dans le roc en la pointe de la contrescarpe N, des casemates qui en defaut de flancs naturels puissent defendre tant de costé que d'autre les pands L &

S ij M, ainsi

M, ainſi que nous l'auons monſtré au chapitre ſeptiéme de ce liure. Quant à la tenaille de l'entrée du havre, ie l'ay faite aſſez fermée pour la defence du lieu qui a eſté poſé ſec durant que la mer eſt baſſe, ioint auſſi que le roc de Q ſe peut tailler pour receuoir ceſte forme, comme il a eſté dit. Finalement i'ay ſuiuy la forme ronde du roc S pour monſtrer qu'il n'eſt pas touſiours beſoing d'obſeruer exactement & à la rigueur toutes les reigles de fortifications & endroits ou il n'y a aucune apparence de batterie, & que quelquefois il eſt plus expedient de ſuyure le naturel du lieu que trop curieuſement recercher les ſubtilitez de la ſcience, principalement ſur le point d'vne guerre nouuelle, ou il eſt beſoing de bien employer & promptement le trauail & la depenſe. I'ay neanmoins tiré les deux pands R & T, en ſorte qu'ils ſont bien deffendus de ce demy rond, duquel le defaut eſt ſeulement pour les ſurpriſes, à quoy le gouuerneur & les bons Capitaines de la place pouruoyeront facilement. Quant aux angles flanquez, principalement ceux qui peuuent eſtre batus d'vne baterie croiſée, ie les ay faits de telle ouuerture que les baſtions pourront ſubſiſter deuant vne batterie de quinze ou ſeize canons, eſtimant ceſte place n'eſtre moins capable en ſon contenu, que l'Octogone regulier, comme la meſure le fera cognoiſtre à celuy qui en voudra prendre la peine: Car ſi les autres angles flanquez ſont plus aigu, il ont auſſi cet aduantage d'eſtre exempts des batteries croiſees comme l'aſſiette le monſtre.

Et pour le regard tant des rampars que des caualliers, ie les laiſſe au iugement du bon Ingenieur qui les accommodera en leur donnant l'épeſſeur & hauteur qu'il cognoiſtra neceſſaire ſelon la diuerſité des lieux, & ainſi qu'il a eſté plus amplement montré par cy-deuant.

Par le diſcours de ce deſſein, & des precedents, on apprendra comment il faudra fortifier toute place commandée diuerſement, & incommodée en pluſieurs endroits par le naturel de ſon aſſiette: c'eſt à ſçauoir en oppoſant vn chacun des remedes (qui ont eſté amplement enſeignez) à ſon contraire: comme les trauerſes aux commandemens, l'eleuation des Baſtions aux pendants & declins des Montagnes: les bonnes Tenailles aux mauuais foſſez: les flancs fichants & non battables aux endroits où on ne peut creuſer: Et finalement placer les Baſtions mal flanquez, ou trop aigus, aux marais, & autres lieux, où les approches ſont difficiles.

Quant aux Retranchements, tant particuliers que generaux, cela demeurera au iugement des Ingenieurs & Capitaines qui les diuerſifieront ſelon la diuerſité des lieux, en ne faiſant neantmoins rien au contraire de ce qui a eſté montré & enſeigné par bonnes & viues raiſons, ſi le changement n'eſt fondé & appuyé ſur quelque inconuenient qui n'ait point eſté touché.

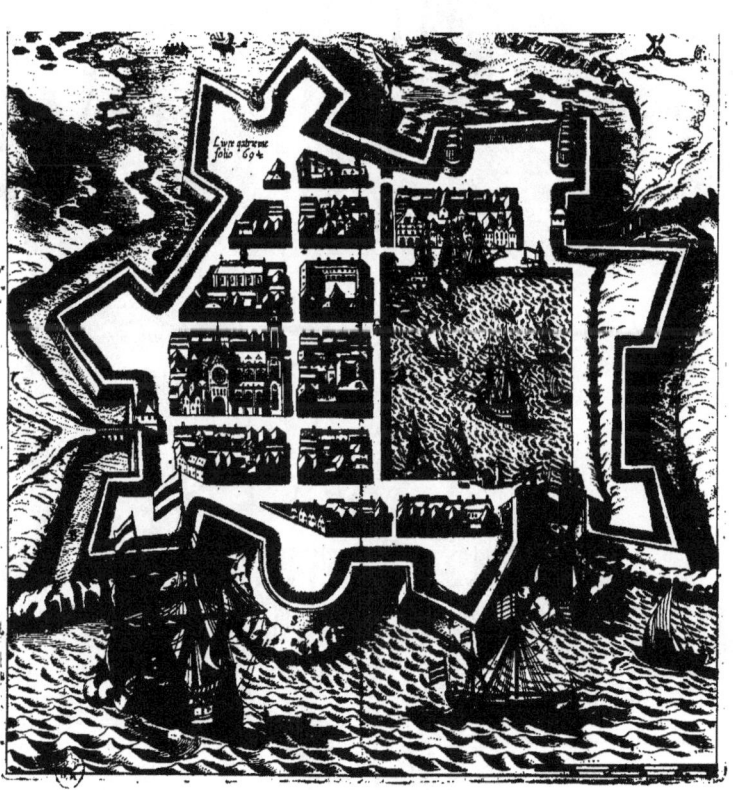

de Fortification. 70

COMMENT IL FAVT AC-
COMMODER VNE PLACE COM-
MANDEE D'VN COMMANDEMENT
MEVRTRIER.

CHAPITRE X.

NOVS auons dict au commencement du troisiéme Liure, que quelques places Irregulieres se fortifient pour gagner le temps & la dépence ; & que le plus souuent telles petites villes racommodées legerement, & gardées par gents vaillants & accorts, rompent le progrés d'vne Armée conquerante, & sauuent d'autres belles & grandes Villes, qui autrement seroient inuesties & surprises auec leurs deffauts. Il s'en peut dire de mesme des places commandées.

Maintenant donc, si vne Ville, ou villette (comme celle-cy) est au pied d'vne Montagne, & commandée d'vn commandement meurtrier, & que ceste Montagne soit en precipice de roc du costé de la ville, & separée d'icelle d'vn bon & large fossé plein d'eauë : alors faut bien considerer les deux costez d'icelle, qui peuuent estre tirez en Courtine, & y faire les trauerses necessaires, comme il a esté dict cy-deuant : En apres, s'ils sont ou peuuent estre flanquez par quelque artifice qui se puisse faire dans le Rocher ; sera bon y tailler le flanc Y, auec les galleries décrites cy-deuant, & leurs chemins couuerts au trauers du fossé : & si l'vn des costez ne peut receuoir ceste sorte de fortification, pour estre le Rocher defaillant en cet endroit : alors sera necessaire retrancher partie de la Ville E, & faire vne autre Courtine & fossé, qui puissent estre veus & bien defendus par le flanc B.

Pour le regard du quatriéme costé, d'autant qu'il est veu par derriere, & par consequent tres-dangereux à garder : il sera bon y faire les deux demy Bastions comme ils sont marquez, & les couurir de la Montagne par les deux Caualiers G, F.

Ainsi ceste place (gardée comme dict est) pourra aucunement rompre les premiers efforts des assaillans, & donner loisir au party des assaillis de pouruoir à d'autres places de plus grande importance.

Que si la ville estoit tellement tournée, que l'vn de ses Angles fust opposé à la Montagne, comme M : alors faudroit faire dans le Rocher les deux flancs K L, auec leur gallerie, & les deux chemins couuerts au trauers du fossé. Et pour le dedans de la place, conuiendroit aussi esleuer le Rampart, & les trauerses entre M & R, pour s'y pouuoir loger à couuert : Comme aussi les deux autres Q P seront tres-necessaires es endroits où elles sont marquees, pour empescher aucunement le commandement de Courtine.

Il reste encor' à dire, que si en ceste place, ou en celle-là, les chemins couuerts (qui sont par le trauers du fossé) sont leuez & ruinez : lors il faudra faire deux Bastions, comme O N esloignez de la Montagne plus que de la portée du Mousquet, & en iceux y bastir & construire ceste

S iij   premiere

Quatriéme Liure

premiere forte de flanc defcrite au Chapitre fixiéme de ce Liure, pour fuppléer aux defauts des autres du Rocher.

Quant aux Retranchements qui fe font pour éuiter la prife par affaut, ie n'en puis donner aucun precepte, à caufe des fafcheux commandements de telles places, qui trauaillent affez l'efprit des meilleurs Ingenieurs & Capitaines: Seulement me femble qu'en cefte derniere (fi elle eft attaquée par M) le Retranchement fe doit faire au plus prés des trauerfes, comme il eft marqué par petits points, & par la lettre R, afin qu'il en foit couuert.

Et pour vn Retranchement general, il fe pourra faire entre les deux trauerfes Q P.

Ie ne parleray point des Ports & Havres commandez d'vn commandement meurtrier, d'autant qu'ils ne peuuent eftre accommodez en façon quelconque, pour bien couurir les Nauires & autres Vaiffeaux.

Ie mettray doncques fin à cét œuure, puifque (graces à Dieu) ie fuis aucunement venu à bout de mon intention, qui a efté de mettre en auant quelques notables principes, pour montrer la Science, & reduire en Art la Fortification, du moins la rendre honorable, & l'efclaircir plus qu'elle n'a jamais efté, afin que ceux qui viendront apres (par le moyen de ces commencemens) ayent occafion de l'amplifier, & luy donner la lime qui luy eft requife. Ie fçay que pour la grandeur de la matiere, il ne peut pas eftre exempt de quelques erreurs, tranfpofition, ou obmiffion de mots & caracteres, & repetitions trop frequentes: Mais je prie celuy qui aura leu mon Liure, de les fupporter, & corriger pluftoft que blafmer; car les Sciences humaines (principalement celle-cy) s'eftendent fi loing, qu'il faudroit la vie de deux hommes pour en trouuer le bout, & leur donner la perfection qu'elles doiuent auoir; joint que journellement on apporte quelque nouueauté aux fieges, contre lefquelles il faut nouuelles inuentions pour fe defendre. Nous efperons (auec l'ay de Dieu) de publier en bref les verfions Italienne, & Allemande, de cét œuure, accompagné de quelque autre traitté, de femblable fubjet.

Fin de la Fortification demonftrée & reduite en Art.

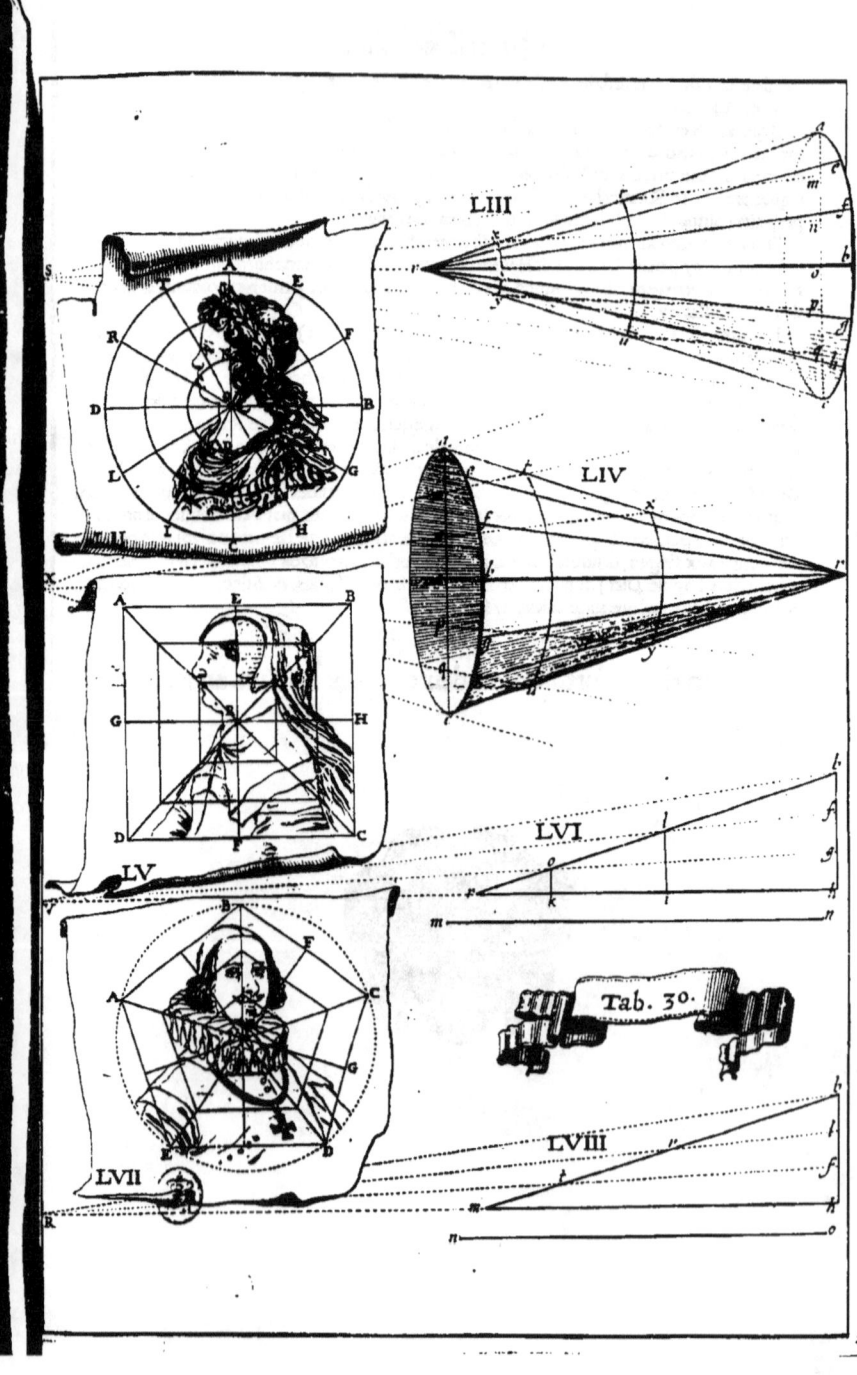

www.ingramcontent.com/pod-product-compliance
Lightning Source LLC
Chambersburg PA
CBHW070641170426
43200CB00010B/2091